AF388101

Arthur Beitler

Erhöhung der Reichweite von Elektrofahrzeugen durch eine bewusste Energieoptimierung mittels Thermomanagement und Fahrerbeeinflussung

disserta Verlag

Beitler, Arthur: Erhöhung der Reichweite von Elektrofahrzeugen durch eine bewusste Energieoptimierung mittels Thermomanagement und Fahrerbeeinflussung. Hamburg, disserta Verlag, 2016

Buch-ISBN: 978-3-95935-216-1
PDF-eBook-ISBN: 978-3-95935-217-8
Druck/Herstellung: disserta Verlag, Hamburg, 2016
Covermotiv: © Uladzimir Bakunovich – Fotolia.com

Bibliografische Information der Deutschen Nationalbibliothek:
Die Deutsche Nationalbibliothek verzeichnet diese Publikation in der Deutschen Nationalbibliografie; detaillierte bibliografische Daten sind im Internet über http://dnb.d-nb.de abrufbar.

© disserta Verlag, Imprint der Diplomica Verlag GmbH
Hermannstal 119k, 22119 Hamburg
http://www.disserta-verlag.de, Hamburg 2016
Printed in Germany

Danksagung

An dieser Stelle möchte ich mich besonders für die Unterstützung und die Betreuung dieses Werkes bei Dipl.-Ing. Thomas Behrmann, wissenschaftlicher Mitarbeiter am Bremer Institut für Messtechnik, Automatisierung und Qualitätswissenschaft (BIMAQ), und bei Dipl.-Ing. Robert Kuhfuss, Projektleiter für elektrische Antriebe beim Fraunhofer-Institut für Fertigungstechnik und Angewandte Materialforschung (IFAM) in Bremen, bedanken.

Für die Gutachtung und Bewertung meines Werkes bedanke ich mich bei Dr.-Ing. Gerald Ströbel, Institutsleiter des BIMAQ, und bei Prof. Dr.-Ing. Matthias Busse, Institutsleiter des Institutsteils Formgebung und Funktionswerkstoffe des Fraunhofer IFAM.

Für die freundliche Bereitstellung des Versuchsfahrzeugs sowie die fachinformativen Gespräche bedanke ich mich bei Dipl.-Kfm. Markus Spiekermann, Markus Funke, Carlos Freund und der Move About GmbH in Bremen sowie ihren Mitarbeitern.

Mein besonderer Dank gilt meiner Familie und meiner Ehefrau, die mich während der Bearbeitungszeit dieses Werkes herzlich und moralisch unterstützen.

Kurzfassung

Erste Elektrofahrzeuge konnten sich am Automobilmarkt etablieren. Um den Kunden mit Elektrofahrzeugen zu sensibilisieren, sollten neben der Sicherheit die Zuverlässigkeit, die Reichweite und der Komfort von Elektrofahrzeugen sichergestellt werden. Gegenwärtig kann ein Zielkonflikt zwischen einer möglichst hohen Reichweite und möglichst geringen Anschaffungskosten von Elektrofahrzeugen identifiziert werden, da eine Erhöhung der Batteriekapazität zumeist mit einem Anstieg der Kosten verbunden ist.

Ziel dieses Buches ist es, intelligente Maßnahmen mittels Thermomanagement und Fahrerbeeinflussung aufzuzeigen, mit denen der Energieverbrauch eines Elektrofahrzeugs gezielt beeinflusst werden kann, um eine möglichst effiziente Energienutzung der Traktionsbatterie in Elektrofahrzeugen zu erreichen. Eine Minderung des Energieverbrauchs kann eine Verringerung der benötigten Batteriekapazität bei gleichbleibender Reichweite erlauben, wodurch Kostensenkungen bei Elektrofahrzeugen ermöglicht werden könnten.

In diesem Buch wird eine für die Versuchsdurchführung jeweils praktikable Maßnahme zum Thermomanagement und zur Fahrerbeeinflussung ausgewählt. Eine Auswertung von aufgezeichneten Fahrtdaten erlaubt eine Darstellung der Energieverbräuche des Elektrofahrzeugs sowie der aufgezeichneten Fahrstile des Fahrers während der Versuchsdurchführung.

Über Vergleichsfahrten sollen somit Aussagen zur eingesparten Energiemenge beim Fahren auf einer definierten Teststrecke jeweils für eine durchgeführte Maßnahme dargestellt werden. Hieraus sollen besonders in Bezug für Carsharing-Systeme, aber auch für den privaten Besitzer eines Elektrofahrzeugs, Empfehlungen für Maßnahmen zur bewussten Energieoptimierung abgeleitet werden.

Schlagwörter:
Elektrofahrzeug, Thermomanagement, Fahrerbeeinflussung, Reichweite, Eco-Driving, Energieoptimierung, Carsharing.

Inhaltsverzeichnis

Tabellenverzeichnis

Abkürzungsverzeichnis

BIMAQ	Bremer Institut für Messtechnik, Automatisierung und Qualitätswissenschaft
BMS	Batterie-Management-System
BEV	Batteriebetriebenes Elektrofahrzeug, Englisch: Battery Electric Vehicle
CAN-Bus	Englisch: Controller Area Network - Binary Unit System
E-Motor	Elektromotor
E-Pkw	Elektro-Personenkraftwagen
EV	Elektrofahrzeug, Englisch: Electric Vehicle
GPS	Globales Positionsbestimmungssystem, Englisch: Global Positioning System
HMI	Schnittstelle Mensch und Maschine, Englisch: Human Machine Interface
IFAM	Fraunhofer-Institut für Fertigungstechnik und Angewandte Materialforschung
NEFZ	Neuer Europäischer Fahrzyklus
Pkw	Personenkraftwagen
USB	Universal Serial Bus

1 Einleitung und Zielsetzung

Im Zuge des globalen Ziels einer stetigen CO_2-Reduzierung zur Schonung der Umwelt und der Entwicklung einer konsequenten Nachhaltigkeit erleben elektrifizierte Fahrzeuge zurzeit eine Renaissance [Bul2013]. Durch den technischen Fortschritt werden Elektrofahrzeuge und ihre technischen Komponenten ständig weiter entwickelt, um in die nächste Stufe einer nachhaltigen Mobilität übergehen zu können [Dol2013]. Die deutsche Automobilindustrie prognostiziert einen starken Anstieg ihrer Produktion von Elektrofahrzeugen und liegt mit ihrer Modellvielfalt an Elektrofahrzeugen im internationalen Vergleich aktuell im vorderen Bereich [McK2014, Rot2014].

Erste gewerbliche Flottenverbände von Elektrofahrzeugen können bereits identifiziert werden [Aut2013-3M, Aut2013-BS, NPE2013, Rot2014]. Im Automobilbereich wird an leistungsfähigeren Batterien sowie an effizienteren Fahrzeugkomponenten geforscht, um die Reichweite von Elektrofahrzeugen zu erhöhen [Bra2012OVE, Hra2011, Spa2014]. Nach dem heutigen Stand der Technik nimmt die Traktionsbatterie einen hohen Kosten- und Masseanteil beim Elektrofahrzeug ein und sollte deshalb sehr effizient genutzt werden [VDA2011B].

Bedingt durch die im Vergleich zum konventionellen Antrieb wesentlich geringere Abwärme des Antriebsstrangs bei Elektrofahrzeugen fehlt ein Großteil dieser Abwärme zum Beheizen des Fahrzeuginnenraums und wird daher notwendigerweise durch elektrische Heizsysteme, welche über die Fahrzeugbatterie versorgt werden, kompensiert [Kla2011, Weh2011]. Ein hoher thermischer Fahrkomfort und eine hohe Reichweite des Fahrzeugs können somit zu einem Zielkonflikt führen, da die Anforderungen an Energieeffizienz einerseits und die Komfortansprüche des Fahrers andererseits weiter ansteigen können.

Das beim heutigen Stand der Technik konventionelle elektrische Heizen sowie Kühlen des Fahrzeuginnenraums kann die Reichweite eines Elektrofahrzeugs bei besonders ungünstigen Bedingungen um Größenordnungen von bis zu 50 % erheblich verringern [Cha2012, Lan2011]. In Literatur und Wissenschaft wurden bisher wenige Ansätze zu intelligenten Lösungen zur Reichweitenerhöhung mittels eines gezielten Thermomanagements diskutiert [Ack2013, Cha2012, Fle2014, Har2011, Wir2013].

Durch gezielte thermische Isolationen der Fahrzeugzelle konnten bereits Energieeinsparungen im Sinne des Thermomanagements untersucht werden [Jen2012, Wir2013]. Ein optimiertes Klimaanlagensystem, welches selektiv die besetzten Sitzplätze im Fahrzeuginnenraum eines Elektrofahrzeugs beheizt, konnte ebenfalls bei Testzyklen im Vergleich zu herkömmlichen Systemen eine Energieeinsparung um 20 % und eine Reichweitenerhöhung um 9 % bewirken [Cha2012]. Durch eine Kombination von Flächenheizungen im Fahrzeuginnenraum und einer Kältemittel/Wasser-Wärmepumpe zur Nutzung der Abwärme von wesentlichen Komponenten eines Elektrofahrzeugs wie der Batterie, wurde experimentell eine Reichweitenerhöhung durch eine gezielte energieeffiziente Klimatisierung erreicht [Ack2013]. Daher könnten intelligente Maßnahmen zum Thermomanagement wertvolle Potenziale einer Energieoptimierung und Reichweitenerhöhung insbesondere bei Elektrofahrzeugen aufzeigen.

Die Beeinflussung des Fahrstils beim Fahrer kann als ein weiteres Potenzial der Energieoptimierung identifiziert werden. Besonders bei Elektrofahrzeugen wirkt sich der Fahrstil des Fahrers direkt auf den Energieverbrauch des Fahrzeugs aus und kann bei aggressivem Fahrstil im Vergleich zu einem energiesparsamen Fahrstil die Fahrkosten für den Fahrer um über 30 % erhöhen [Bin2012].

In der Literatur können Versuchsdurchführungen zur Beeinflussung des Fahrstils mittels technisch günstig implementierbaren Smartphone-Apps identifiziert werden. Der Energieverbrauch eines Elektrofahrzeugs konnte bei realen Versuchsfahrten unter Einsatz einer Fahrstil-App um 20 bis 30 % gesenkt werden [Cor2013]. Fahrer konnten ihre persönlichen Eco-Driving-Punkte bei weiteren Versuchsfahrten durchschnittlich um 16,8 % erhöhen und dadurch ihren energieeffizienten Fahrstil verbessern [Fra2013].

Folglich könnten Maßnahmen bezüglich des Thermomanagements und der Fahrerbeeinflussung intelligente Lösungen ermöglichen, mit denen der Energieverbrauch eines Elektrofahrzeugs gezielt beeinflusst werden kann, um eine möglichst effiziente Energienutzung der Traktionsbatterie in Elektrofahrzeugen zu erzielen. Eine Minderung des Energieverbrauchs könnte eine Verringerung der benötigten Batteriekapazität bei gleichbleibender Reichweite erlauben, wodurch Kostensenkungen bei Elektrofahrzeugen erzielt werden könnten.

In diesem Buch wird für die Versuchsdurchführung jeweils eine praktikable Maßnahme zum Thermomanagement und zur Fahrerbeeinflussung ausgewählt. Eine Auswertung von aufgezeichneten Fahrtdaten erlaubt eine Darstellung der Energieverbräuche des Elektrofahrzeugs sowie der aufgezeichneten Fahrstile des Fahrers während der Versuchsdurchführung.

Über Vergleichsfahrten sollen hierdurch Aussagen zur eingesparten Energiemenge beim Fahren auf einer definierten Teststrecke jeweils für eine durchgeführte Maßnahme dargestellt werden. Hieraus sollen insbesondere in Bezug auf Carsharing-Systeme, aber auch für private Besitzer eines Elektrofahrzeugs, Empfehlungen für Maßnahmen zur bewussten Energieoptimierung abgeleitet werden.

2 Stand der Technik und der Wissenschaft

Dieses Kapitel dient der kurzen Darstellung zum Stand der Technik und der Wissenschaft zu Elektrofahrzeugen und soll des Weiteren eine Übersicht zum Verständnis der verwendeten Definitionen von Elektrofahrzeug, Thermomanagement und Fahrerbeeinflussung schaffen. Zum Ende dieses Kapitels werden zwei unterschiedliche Szenarien der Fahrzeugnutzung beschrieben.

2.1 Elektrofahrzeug

Mit dem Begriff Elektrofahrzeug werden wenig systematisiert und nicht eindeutig unterschiedliche Verkehrsmittel bezeichnet, die mit elektrischer Energie angetrieben werden. Hierzu können unter anderem neben Elektroautos auch Straßenbahnen, elektrische Schienenfahrzeuge, Golfmobile, Elektrostapler, elektrisch betriebene Busse sowie Lastkraftwagen und sogar reine Elektrofahrräder zählen.

2.1.1 Batteriebetriebenes elektrisches Fahrzeug (BEV)

Um sich eindeutig von den verschiedenen Formen von Elektrofahrzeugen abzugrenzen, wird in diesem Buch als Untersuchungsschwerpunkt der Begriff Elektrofahrzeug (abgekürzt: EV, vom englischen Electric Vehicle oder vom deutschen elektrisches Vehikel) im Sinne eines Elektro-Personenkraftwagens (E-Pkw) verwendet. In diesem Buch wird im Speziellen ein rein elektrisch betriebener Personenkraftwagen (abgekürzt: BEV, vom englischen Battery Electric Vehicle oder vom deutschen batteriebetriebenes elektrisches Vehikel) betrachtet, bei dem eine Batterie als Energiequelle für die Traktion eingesetzt wird [Gro2013]. Als Synonym zum BEV wird in der Literatur auch der Begriff Elektroauto verwendet [Kam2013, Kei2013, Sch2013].

Weitere Informationen zu aktuellen BEV sowie wissenswerte Ergebnisse aus Umfragen zur Akzeptanz und Trends von BEV finden sich unter [Ber2014, Ele2014, EleC2014, Kam2013, Kei2013, Knö2011, NPE2013, Sch2013].

2.1.2 Grundlagen und Stand der Technik

Das typische Design und der Aufbau eines konventionellen Fahrzeugs mit Verbrennungsmotor haben sich durch die technischen Gegebenheiten, bewirkt durch seine technischen Systeme Verbrennungsmotor, Antriebsstrang und Abgasstrang, im Laufe der Zeit entwickelt und bei den Konsumenten verfestigt [Bra2012, Les2013].

BEV müssen diesem geprägten Bild nicht folgen, da komplexe technische Systeme beim BEV gegenüber dem konventionellen Fahrzeug deutlich eingespart werden können. Hierdurch können sich neue Möglichkeiten und Forschungsthemen zur Gewichtsreduzierung, Emissionsreduzierung, Steigerung der Sicherheit, Erhöhung des Komforts und des Innenraums sowie gänzlich neue und unkonventionelle Fahrzeugkonzepte entwickeln. [Bra2012OVE, Spa2013, VDA2011B]

Ein Vergleich der Wirkungsgradkette bezüglich der Energiequelle, -erzeugung und -übertragung sowie des Energieflusses innerhalb des Fahrzeugs zwischen einem BEV und einem konventionellen Fahrzeug zeigt bereits, dass beim BEV vergleichsweise mehr Energie direkt am Rad ankommt. Würde der Anteil an regenerativer Stromerzeugung und die Effektivität einer Rekuperation von Energie während Schub- und Bremsphasen bei BEV gesteigert werden, könnte die Wirkungsgradkette eines CO_2-emissionsfreien Antriebs weiter zunehmen. [Rie2013]

Lediglich die Klimatisierung des BEV würde die Wirkungsgradkette verschlechtern, da die fehlende Motorwärme durch elektrische Heizer kompensiert werden würde [Bra2012OVE, Cha2012].

Bild 1 zeigt eine schematische Darstellung möglicher Designvariationen bei BEV.

Bild 1: Schematische Darstellung möglicher Designvariationen bei BEV
(Quelle: [Les2013])

Die speziellen technischen Grundsysteme von BEV sind E-Motoren, die Leistungselektronik mit Wechselrichtern sowie Gleichrichtern und die Batterie.

Elektrischer Antriebsmotor

In der Literatur werden unterschiedliche elektrische Antriebsmotoren beschrieben, wobei die Leistung, der Wirkungsgrad, die Effizienz sowie die Lebensdauer dieser Motoren entscheidend dazu beitragen werden, welcher Typ sich an den Märkten durchsetzen wird [Bis2010, Bra2012OVE, Sch2013]. Anforderungs- und kostenspezifisch werden E-Motoren in BEV eingesetzt, welche entweder direkt an der Vorderachse, der Hinterachse oder an beiden Achsen angebracht sind [Knö2011, Les2013, Röh2013].

Bei der Fraunhofer-Systemforschung Elektromobilität konnten positive Potenziale eines speziell entwickelten Radnabenmotors mit einer sehr hohen Leistungsdichte und Funktionsintegration für BEV aufgezeigt werden, der im Vergleich zu bisherigen Motoren die Energie direkt am Rad erzeugt und ebenfalls Möglichkeiten der Energie-Rekuperation bietet [Wös2013A, Hei2012]. Ein Radnabenmotor konnte in einem Faserverbund-Leichtbaurad integriert werden, wodurch zusätzliche Potenziale der Massereduzierung aufgezeigt werden konnten [Sch2012]. Ebenfalls positive Ergebnisse aus Versuchen mit elektrischen Einzelradantrieben mittels radnahen Motoren konnten bei der BMW Group Forschung gewonnen werden [Pru2014]. Die Fraunhofer-Systemforschung Elektromobilität konnte bereits Versuche an BEV-Prototypen mit radnahen Motoren und mit Radnabenmotoren durchführen [Wös2013B].

Gängige elektrische Antriebsmotoren von BEV verfügen beim heutigen Stand der Technik über eine Leistung von etwa 8 kW bis 80 kW, wobei spezielle Motoren bei leistungsstarken BEV eine Leistung von bis zu 600 kW erreichen können [Eng2013, Hay2011, Hei2012, Knö2011, Les2013, Meg2014, Röh2013].

Leistungselektronik

Elektrische Antriebsmotoren in einem BEV werden durch die Leistungselektronik gesteuert und mit der benötigten elektrischen Energiemenge versorgt [Mär2013]. Sobald der Fahrer das BEV durch Treten des Gaspedals beschleunigt, berechnet die Leistungselektronik automatisch das notwendige Antriebsdrehmoment und stellt dieses ein.

Das Drehmoment und die Effizienz eines elektrischen Antriebsmotors hängen direkt von seiner momentanen Drehzahl ab, weshalb sich Möglichkeiten unterschiedlicher Steuerungsstrategien unter Verwendung von speziellen Getrieben und optimierter Leistungselektronik anbieten, um in allen Betriebszuständen durchgehend die optimale Antriebseffizienz zu erzielen und die Reichweite zu erhöhen [Röh2013, Tor2013].

Energieeinsparungen durch vorausschauendes Fahren lassen sich durch die Rekuperation beim Bremsen als auch beim kurzzeitigen Segelbetrieb des BEV, die ebenfalls durch die Leistungselektronik eingesteuert werden können, erzielen [Schö2013]. Ingenieure der Robert Bosch GmbH konnten durch eine speziell entwickelte Regelungsstrategie, die gezielt die Rekuperation und den Segelbetrieb einleitet, den Energieverbrauch eines BEV experimentell senken [Fle2014].

Um dem Konsumenten ein möglichst komfortables Laden des BEV zu ermöglichen, werden Wechselrichter und Gleichrichter in EV eingesetzt, die den Wechselstrom aus üblichen Steckdosen sowie aus Wechsel- und Drehstrom-Ladestationen in für die Batterie konformen Gleichstrom umwandeln [Sch2013]. Ein Batterie-Management-System (abgekürzt: BMS) überwacht und steuert das Laden der Batterien, die Bereitstellung der elektrischen Energie für das BEV sowie das Temperaturmanagement der Batterie bei Einhaltung möglichst optimaler Betriebsbedingungen für die Batteriezellen zur Erhaltung der Batterielebensdauer und -effizienz [Adl2010, Hra2011, Röh2013, Weh2013].

Batterie

Zurzeit finden Batterien mit Lithium-Ionen-Zellen die häufigste Verwendung in BEV. Die Zellen in Batterien können parallel, in Serie oder kombiniert geschaltet werden, um geforderte Spannungen und Ströme für das BEV zu liefern [Fle2010, Hra2011, Röh2013]. Spannungen in Bereichen von 250 Volt bis 450 Volt sind derzeitig bei der Konzipierung von BEV gängig [Cap2013, Les2013, Röh2013]. Abhängig von den eingesetzten E-Motoren können Spannungen bis zu 800 Volt, mit spezieller Leistungselektronik und Batterien bis zu 1200 Volt erzeugt werden, um die gewünschte Leistung und das gewünschte Drehmoment zu erreichen [Eng2013, Eng2012, Mär2013].

Eine Traktionsbatterie mit vergleichsweise geringer Lebensdauer kann zu einer kostenintensiven frühen Neuanschaffung einer neuen Batterie bis hin zur teilweisen Entwertung des BEV führen, wenn die ursprüngliche Batterie die benötigte elektrische Leistung nicht mehr ausreichend aufbringen kann. Idealerweise sollte die Lebensdauer einer Batterie, die nicht gewechselt oder gemietet werden soll, zumindest mit der üblichen Lebensdauer des BEV übereinstimmen und gleichzeitig die geforderte Reichweite über einen hohen Anteil der Fahrzeuglebensdauer sicherstellen.

In der Forschung wird nach Möglichkeiten der Kombination unterschiedlicher Materialien gesucht, um die Leistung und die Lebensdauer von Batterien für BEV zu erhöhen und neue Generationen von Batterien hervorbringen zu können [Möl2013, Spa2014]. Ein gezieltes Thermomanagement mittels optimierter BMS und spezieller Klimatisierungshardware kann die Leistung und Lebensdauer von Batterien in BEV erhöhen [Fle2010, Vet2013, Weh2013].

Nach dem heutigen Stand der Technik benötigt die Batterie im BEV einen im Vergleich zu einem konventionell angetriebenen Fahrzeug hohen Anteil an Volumen und Gewicht bei vergleichbarer Reichweite [Hra2011, Spa2014, VDA2011B]. Der höhere Anteil dieser wertvollen Energie sollte demnach im BEV möglichst effizient direkt für den Antrieb genutzt werden [Bra2012OVE, Cha2012].

2.1.3 Energieverbrauch und Reichweite

Im Gegensatz zum konventionellen Fahrzeug mit Verbrennungsmotor wird ein BEV rein elektrisch angetrieben. Weitere elektrische Komponenten im BEV, die nicht für den direkten Antrieb dienen, verbrauchen ebenfalls elektrische Energie, die begrenzt in der Batterie gespeichert zur Verfügung steht, wodurch ein Zielkonflikt zwischen der Reichweite des BEV und dem Fahrkomfort sowie der Sicherheit der Personen im BEV entstehen kann.

Das Heizleistungsdefizit eines BEV gegenüber einem konventionellen Fahrzeug mit Verbrennungsmotor beträgt rund 4 kW bis 6 kW und muss folglich durch elektrische Heizer kompensiert werden [Bee2010, Son2012, Wal2010]. Ein komfortables elektrisches Heizen des Fahrzeugsinnenraums beim BEV kann daher die Reichweite senken.

Ein Energieeffizienzvergleich zeigt, dass BEV im Vergleich zu konventionellen Fahrzeugen, bezogen auf den Energieverbrauch, effizienter sind [Bis2010, Bra2012OVE].

Der Energiegehalt von Benzin und Diesel liegt zwischen 9 kWh/l und 10 kWh/l [Lie2012]. Hieraus lässt sich bei einem durchschnittlichen Verbrauch eines konventionellen Fahrzeugs von 5 l Diesel bei 100 km Fahrstrecke ein verbrauchter Energiegehalt von etwa 45 kWh bis 50 kWh und einer Reichweite von etwa 600 km bei Verwendung eines 30 l Tanks berechnen. Der durchschnittliche Energieverbrauch von BEV liegt aktuell zwischen 10 kWh und 15 kWh für 100 km Fahrstrecke, was bei derzeitigen Batteriekapazitäten jedoch in der Regel zu Reichweiten geringer als 200 km führt [Bra2012OVE, EleC2014, Fuc2013]. Die mitgeführte Energie in einem BEV ist im Vergleich zu einem konventionellen Fahrzeug mit Verbrennungsmotor um ein Vielfaches, in diesem Rechenbeispiel mindestens um den Faktor 3, geringer.

Der VDA hat das Volumen und das Gewicht von unterschiedlichen Energiespeichern in EV und konventionellen Fahrzeugen für eine Reichweite von 500 km, wie in Bild 2 dargestellt, berechnet [VDA2011A].

Bild 2: Schematischer Vergleich der Energiespeicher bei EV und bei konventionellen Fahrzeugen
(Quelle: [VDA2011A])

BEV verfügen über eine vergleichsweise viel höhere Masse und ein höheres Volumen, um dieselbe Reichweite zu erfüllen, obwohl massive und voluminöse technische Elemente wie Verbrennungsmotor und Getriebe beim BEV nicht mehr vorhanden sein müssen. Dies wird technisch bedingt hauptsächlich durch die Traktionsbatterie verursacht.

Physikalisch bedingt ist der Energieverbrauch eines Fahrzeugs direkt abhängig von seiner Masse und steigt stetig mit der Erhöhung der Fahrzeugmasse [Bra2012, Fuc2013, Kam2013]. Durch Verringerung der Gesamtfahrzeugmasse eines Fahrzeugs mit hybridem Antriebssystem um 30 %, konnte bis zu 15 % weniger Kraftstoff und somit weniger Energie verbraucht werden [Hra2011]. Bild 3 zeigt einen Vergleich der Masseverteilung im BEV gegenüber dem konventionellen Fahrzeug.

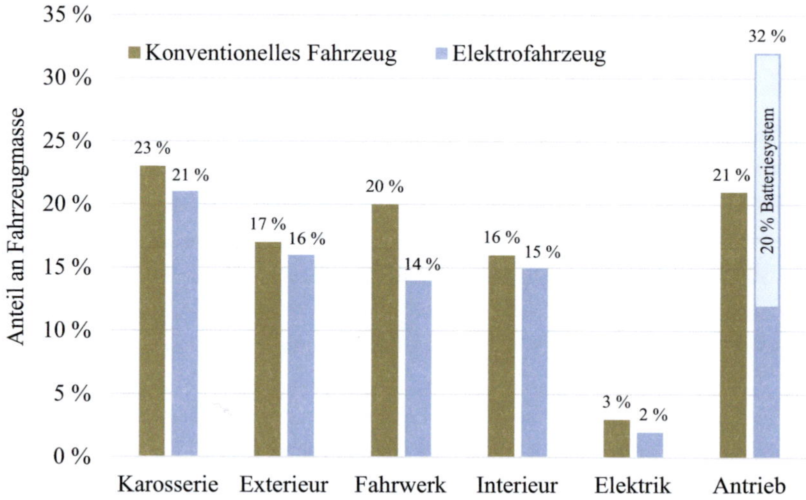

Bild 3: **Vergleich der Masseverteilung im BEV gegenüber dem konventionellen Fahrzeug**
(Quelle: [Eck2010])

Zu erkennen ist, dass der Masseanteil sämtlicher Fahrzeugkomponenten an der Fahrzeugmasse beim BEV geringer ist, außer bei den Antriebskomponenten. Der relativ hohe Masseanteil des Batteriesystems von 20 % hebt den Masseanteil der Antriebskomponenten wie der E-Motoren drastisch von 12 auf 32 % an. Eine Verringerung der Batteriekapazität beim BEV würde einerseits die Fahrzeugmasse und somit den Energieverbrauch reduzieren, aber auch andererseits die Batteriekosten sowie direkt die Fahrzeugkosten senken [Fuc2013].

Nach dem Neuen Europäischen Fahrzyklus (abgekürzt: NEFZ) beträgt der berechnete Energieverbrauch eines BEV mit einer Masse von 1100 kg ca. 12 kWh/100 km und eines BEV mit einer Masse von 1700 kg ca. 16 kWh/100 km [Eck2010].

18

Bei Studien und Umfragen konnte festgestellt werden, dass in Deutschland und Europa die zurückgelegte Strecke einer Autofahrt durchschnittlich kaum mehr als 50 km beträgt [ADA2010, Bra2012C, Fol2010, Sta2013]. Dies bedeutet, dass BEV nicht grundsätzlich eine hohe Reichweite aufweisen müssen, um den höheren Teil des Mobilitätsbedarfs abzudecken, da sie zwischen den relativ kurzen Fahrstrecken nachgeladen werden können.

Bereits auf dem Automobilmarkt erhältliche BEV der großen Automobilhersteller verfügen aktuell über eine Reichweite zwischen 100 km und 200 km bei einem Energieverbrauch zwischen 10 kWh und 15 kWh pro 100 km [ADA2013M, Ele2014, EleC2014, Eng2013, Les2013]. Spezielle Modelle wie der japanische SIM-HAL mit einer 35 kWh Batterie und Radnabenantrieb oder das Tesla Model S mit einer 85 kWh Batterie verfügen bereits über Reichweiten von 400 km und 500 km [ADA2013S, ADA2013T]. Solche speziellen Modelle mit hohen Reichweiten sind aufgrund ihrer großen Batteriekapazitäten vergleichsweise teuer und können daher nur ein sehr geringes spezielles Kundensegment bedienen.

Aktuelle Testszenarien konnten aufzeigen, dass bei winterlichen Umweltbedingungen die Reichweite von BEV im ungünstigsten Spezialfall drastisch auf bis zu 50 % absinken kann [Aut2011, BEM2012T, Bra2012OVE, Han2014, TÜV2010]. Eine Identifikation von kostengünstigen und intelligenten Maßnahmen zur sichergestellten Erhöhung der Reichweite eines BEV bei unterschiedlichen Umgebungsbedingungen könnte kostenintensive Maßnahmen zur Reichweitenerhöhung durch Batteriekapazitätserweiterungen vermeiden, wodurch Senkungen der Anschaffungskosten von BEV am Fahrzeugmarkt realisierbar wären.

Durch eine verbesserte Fahrzeugeffizienz, welche durch das ständige Fortschreiten des Fahrzeugleichtbaus, der Senkung des Roll- und Luftwiderstands und der Steigerung der Wirkungsgrade im Antriebsstrang und der Fahrzeugelektronik erreicht werden kann, wird der Energieverbrauch bei BEV stetig gesenkt und somit ebenfalls die Reichweite erhöht werden können [Bra2012OVE, Fuc2013, Har2011, Sch2012, Tor2013].

Bei BEV existiert ein im Vergleich zum konventionellen Fahrzeug geringes Abwärmepotenzial von technischen Komponenten, welches dennoch aus dem Antriebstrang sowie der Batterie mit innovativer Klimatisierungshardware gewonnen und zum Beheizen des Fahrzeuginnenraums genutzt werden kann, um den Energiebedarf zum zusätzlichen Heizen reduzieren zu können [Ack2013, Pis2014, Weh2011].

Intelligente Maßnahmen zum Thermomanagement und eine Fahrerbeeinflussung zu einem energieeffizienten Fahrstil könnten weitere Energieeinsparpotenziale aufzeigen, die letztendlich ebenfalls zu einer Reichweitenerhöhung oder zu einer Reduzierung der Anschaffungskosten von BEV durch geringerer Batteriekapazitäten führen könnten.

2.1.4 Batteriekapazität und -kosten

Technisch bedingt verfügen unterschiedliche Batterietypen über spezifische Energiedichten, derzeit 100 Wh/kg bis 300 Wh/kg, wodurch in Hinblick auf den verfügbaren Raum und die maximal zulässige Masse im Fahrzeug die gespeicherte und mitgeführte Menge an elektrischer Energie in einem BEV beschränkt wird [Eck2010, Fuc2013, Hra2011].

Zur Erreichung hoher Spannungen werden die Zellen gleicher Chemie in Batterien in Reihe geschaltet. Eine Parallelschaltung von Zellen gleicher Chemie bewirkt höhere Ströme. Somit lassen sich komplexe Kombinationen von Zellenschaltungen in Batterien individuell gemäß den Anforderungen konzipieren [Eng2012, Hra2011, Röh2013].

Durch die Endlichkeit natürlicher Ressourcen und den Mangel an seltenen Materialien, die speziell in leistungsstarken Batterien eingesetzt werden, liegen die Kosten für Batterien in BEV zurzeit bei aktuellem Stand der Technik auf einem hohen Niveau [GEO2013]. Deshalb ist die verfügbare elektrische Energie in einem BEV vergleichsweise sehr wertvoll und sollte möglichst effizient zum Antrieb des BEV eingesetzt werden [Bra2012OVE].

Batteriekapazitäten von 10 kWh bis 28 kWh sind beim heutigen Stand der Technik bei BEV typisch [Eng2012], [Röh2013]. Die Batteriekosten können aktuell kaum unter 180 €/kWh gehalten werden und liegen oft weit darüber bei 250 €/kWh bis 1000 €/kWh [ADA2013B, BEM2014, Eck2010, Goi2013]. Deshalb bewirkt die Batterie einen erheblichen Anteil an den Gesamtkosten eines BEV von bis zu 50 %, was derzeitig noch zu vergleichsweise zum konventionellen Fahrzeug höheren Anschaffungskosten bei BEV führt [Hei2012].

Daher sollte der Grad der Forschung in der Batterietechnologie für BEV derzeit hoch sein, um leistungsfähigere und langlebige Batterien mit geringerem Volumen und Gewicht zu einem günstigen Preis anbieten zu können und somit einen Anstieg der Elektromobilität voranzutreiben [Adl2010, Spa2014, Weh2013, Wel2013, Zei2013].

Eine Nachfrage nach möglichst günstigen BEV mit ausreichender Batteriekapazität, die eine sichere und vertretbare Reichweite garantieren können, sollte zukünftig befriedigt werden können. Die Entwicklung von intelligenten Lösungskonzepten, die das BEV überwachen und eine garantierte Reichweite bei unterschiedlichen Bedingungen sicherstellen können, sollte demnach einen weiteren Schwerpunkt sowohl in der Forschung als auch in der Entwicklung darstellen, um die Nachfrage nach praxistauglichen BEV bedienen zu können.

In diesem Buch soll dieser Schwerpunkt verfolgt werden, indem Möglichkeiten der Erhöhung der Reichweite von BEV durch eine bewusste Energieoptimierung mittels Thermomanagements und Fahrerbeeinflussung aufgezeigt werden.

2.2 Thermomanagement bei BEV

Aus der klassischen Motorkühlung, mit der Absicht den Verbrennungsmotor vor thermischer Schädigung zu schützen, hat sich aktuell durch die steigenden Anforderungen von Verbrauch, Emission und Innenraumkomfort ein komplexes Thermomanagement bei konventionellen Fahrzeugen entwickelt. Dieses moderne Thermomanagement bezieht sich beim Fahrzeug mit Verbrennungsmotor trotzdem hauptsächlich auf die Überwachung, den Schutz und die Kühlung des Verbrennungsmotors und seiner Nebenaggregate, aber auch auf einen effizienten Betrieb der Klimaanlage, um eine hohe Motoreffizienz und somit einen niedrigen CO_2-Ausstoß und Kraftstoffverbrauch zu erreichen [Dis2014, Eil2014, Goß2010, Sch2007, Waw2014].

Beim BEV entfällt das Thermomanagement des Verbrennungsmotors, nicht aber des effizienten Klimaanlagenbetriebs [San2014]. Die Batterieleistung sowie der Bedarf an elektrischer Energie zum Klimatisieren des Fahrzeuginnenraums und des Batteriesystems und seiner Komponenten sind beim BEV unmittelbar von der Umgebungstemperatur abhängig. Das beim derzeitigen Stand der Technik konventionelle elektrische Heizen sowie Kühlen des Fahrzeuginnenraums kann die Reichweite heutiger BEV bei besonders ungünstigen Bedingungen erheblich um Größenordnungen von bis zu 50 % reduzieren [Cha2012, Lan2011]. Eine Reduzierung des Energieverbrauchs beim Innenraumklimatisieren bei BEV könnte wertvolle Potenziale aufzeigen, durch welche die Reichweite von BEV effektiv sichergestellt und sogar erhöht werden kann. Batteriekapazitätsverringerungen bei gleichbleibender Reichweite und somit Kostensenkungen von BEV wären hierdurch ebenfalls denkbar.

Das Ziel, den Energieverbrauch des BEV zu senken und seine Reichweite dadurch sicherzustellen und sogar zu erhöhen, begründet die Notwendigkeit eines modernen und intelligenten Thermomanagements bei BEV [Ack2013, FKF2014, Pro2011, Vol2013]. Dabei ist die Überwachung und die effiziente Klimatisierung des Batteriesystems sowie der Leistungselektronik eine neue Anforderung, um die elektrische Leistung sowie die Batterielebensdauer zu erhalten. Eine weitere wichtige Anforderung des Thermomanagements sollte es sein, bei einem möglichst effizienten und geringen Energieverbrauch, den gewohnten thermischen Fahrkomfort im Fahrzeuginnenraum zu erhalten. Mit unterschiedlichen technischen Maßnahmen in Kombination mit intelligenten Systemlösungen könnte sich ein solches Thermomanagement bei BEV realisieren lassen.

2.2.1 Technische Ansätze zum Thermomanagement

Zur Erreichung einer weiteren Effizienzsteigerung und einem damit verbundenen geringeren Kraftstoffverbrauch hat sich im konventionellen Automobilbereich ein vorausschauendes Wärmemanagement entwickelt. Durch die Vernetzung der verfügbaren Fahrzeugelektronik wie die Sensorik und Steuergeräte werden Umgebungs- und Fahrzeuginformationen genutzt, um ein vorausschauendes und effizientes Steuern der Fahrzeugsysteme realisieren zu können. [Bra2010, Ede2010]

Übertragen auf das BEV könnte ein vorausschauendes Wärmemanagement die Sicherstellung bzw. Erhöhung der Reichweite durch die Reduzierung des Bedarfs an elektrischer Energie ermöglichen.

Zwar fehlt bei BEV die Abwärme aus einem Verbrennungsantriebsmotor, trotzdem verfügen BEV über thermische Energiequellen aus Abwärme, die zur Innenraumerwärmung benutzt werden können [Pis2014]. Traktionsbatterien von BEV erzeugen eine nicht zu vernachlässigende Menge an Abwärme, die mittels Kühlsystemen abgeführt wird, damit keine thermische Schädigung des Batteriesystems stattfinden kann [Eng2013, Hra2011].

Bild 4 visualisiert eine schematische Darstellung technischer Ansätze zum energieeffizienten Thermomanagement insbesondere für BEV.

Bild 4: **Schematische Darstellung technischer Ansätze zum energieeffizienten Thermomanagement** (Quelle: [Ack2013])

Durch die Kombination von Wärmespeichern und durch Pumpen angetriebene Kreisläufe kann die Abwärme von technischen Komponenten wie Batterie, E-Motoren und Leistungselektronik, zur sofortigen oder zeitversetzten Erwärmung des Fahrzeuginnenraums verwendet werden. Besonders Wärmepumpen zeigen aktuell ein Potenzial, den Fahrzeuginnenraum energieeffizient zu erwärmen. Bei kalten Umgebungstemperaturen um 0 °C kann durch den gezielten Einsatz von Wärmepumpen eine Reichweitenerhöhung bei BEV von 10 bis 30 % erreicht werden. [Ack2013, FKF2014, Kli2013, Suc2014, Weh2011]

Zu beachten ist jedoch, dass ein eigenständiges Gefrieren des Wärmepumpensystems, was beim Entziehen von Wärmeenergie bei Temperaturen nahe dem Gefrierpunkt vorkommen kann, mittels technischer Absicherungsmaßnahmen vermieden werden sollte.

Bei kalten als auch bei warmen Umgebungstemperaturen sollte ein betriebsoptimales Klimatisieren von Batteriesystemen angestrebt werden, um eine möglichst hohe Batterieleistung und -lebensdauer zu erreichen [Fle2010, Hra2011]. Es existieren Klimatisierungssysteme für Batterien, die zwar elektrische Energie verbrauchen, aber deren Energieeffizienz aufgrund des Forschungsaufwands stetig weiter gesteigert und ihr Energieverbrauch gesenkt wird [Str2012, Weh2013].

Während kalter Umgebungstemperaturen werden bestimmte Traktionsbatterien von BEV zuerst mittels elektrischer Heizsysteme auf ihre optimale Betriebstemperatur gebracht, um die benötigte Leistung sowie den benötigten Wirkungsgrad zu erbringen, was durch eine thermische Vorkonditionierung sinnvoll erreicht werden kann [Jän2010, Suc2014, Weh2011].

Beim Antrieb von BEV kann technisch bedingt eine Kühlung des Batteriesystem notwendig sein, was bei einer simulierten Fahrgeschwindigkeit von 50 km/h einen Anteil von bis zu 6 % am Gesamtenergieverbrauch am BEV bewirken kann, wobei sich dieser Anteil bei Verwendung einer speziellen Isolation des Batteriesystems auf 3,5 % reduzieren lässt [Kon2010]. Zu sommerlich warmen Umgebungstemperaturen kann demnach eine Isolation der Batterie den Energieverbrauch zum Klimatisieren der Batterie senken, jedoch nicht bei winterlich kalten Bedingungen, da durch die Isolation die kalte Umgebungsluft stärker von der Batterie abgehalten wird und somit der elektrische Klimatisierungsbedarf zur Batteriekühlung steigt.

Bei der Fraunhofer-Gesellschaft konnte ein Wärmespeichersystem entwickelt werden, welches die Abwärme der Traktionsbatterie speichert und gezielt zur thermischen Vorkonditionierung des Batteriesystems oder zum Beheizen des Fahrzeuginnenraums freigibt [Kli2013].

Das Erwärmen des Fahrzeugs im Winter und das Abkühlen des Fahrzeugs im Sommer lässt sich, solange das BEV mit einer Ladestation verbunden ist, vor dem Durchführen einer Fahrt erreichen, was anschließend zu hohen Energieeinsparpotenzialen beim BEV während der eigentlichen Fahrt führen kann [Lem2012]. Dafür kann durch ein verknüpftes und intelligentes Heim-Stromnetz wie das Smart Home, entweder der Fahrer oder das System selbstständig einen Impuls zum Vorkonditionieren und Vorklimatisieren des Fahrzeugs geben [Gla2013, Kas2012].

Durch innovative und optimierte Klimaanlagensysteme, die für konventionelle Fahrzeuge entwickelt wurden, konnte bei gleichbleibendem Komfort der Energiebedarf zum Klimatisieren zwischen 20 und 40 % verringert und damit der Kraftstoffverbrauch gesenkt werden [Bau2010, San2014, Waw2014]. Solche effizienten Klimaanlagensysteme können bei Verwendung in einem BEV durch ihren geringeren Energiebedarf ebenfalls zu einer Erhöhung der Reichweite beitragen.

Ein speziell für BEV entwickelter Hochvoltschichtheizer benötigt beim Aufheizen des Fahrzeuginnenraums etwa 18 % weniger elektrische Energie als konventionelle Heizdraht oder PTC-Heizsysteme. Der Hochvoltschichtheizer zeigt Vorteile in seiner kompakten und ressourcenschonenden Bauweise sowie bei der Sicherheit und der Energieeffizienz. Mit einer Gleichspannung zwischen 250 V und 450 V versorgt, eignet sich der Hochvoltschichtheizer speziell für BEV und kann als Standheizung sowohl zur Vorkonditionierung der Traktionsbatterie als auch zum Erwärmen des Fahrzeuginnenraums eingesetzt werden [Cap2013].

Die Isolation des BEV stellt eine weitere Optimierungsmöglichkeit dar, den Energiebedarf zum Klimatisieren zu reduzieren. Durch eine gezielte optimierte thermische Isolation des Fahrzeugs konnten Energieeinsparungen beim Heizen des Fahrzeuginnenraums um 20 % bis hin zu 30 % erreicht werden [Jen2012, Pro2011, Wir2013]. Infrarotreflektierende Scheiben und eine thermische Dämmung der Fahrzeugkarosse sind aktuell umsetzbare und effektive Beispiele zur Fahrzeugisolation im BMW i3 [Suc2014].

Eine gezielte und gesteuerte Aufnahme der Außenluft kann während der Fahrt ebenfalls zum Klimatisieren des Fahrzeuginnenraums, aber auch der Batterie und der elektrischen Komponenten, verwendet werden, was den benötigten Energiebedarf zum elektrischen Klimatisieren verringern kann [San2010, Son2012].

In einem Fahrzeug verbaute Solarsensoren können die Menge und Richtung von Sonnenstrahlen messen, wodurch eine gezielte und effiziente Anpassung der Innenraumklimatisierung erreicht werden kann, die abhängig von der Sonneneinstrahlung auf das Fahrzeug ist [Nag2011].

Heizsysteme mit einem kleinen Verbrennungsmotor, der beispielsweise mit Bioethanol ausschließlich zum Erzeugen von Wärmeenergie angetrieben wird, können in Verbindung mit Wärmepumpen zum Beheizen des Fahrzeuginnenraums eingesetzt werden, wodurch die Menge an elektrisch zu erzeugender Wärme deutlich geringer sein würde [Apf2012, Cap2013, Cle2010].

Da in diesem Buch nur BEV Gegenstand der Thematik sind, sollen solche Heizsysteme mit Verbrennungsmotoren nicht weiter betrachtet werden.

Die Klimatisierung des Fahrzeuginnenraums kann zeitlich versetzt vor einer Fahrt erfolgen und damit die Batteriekapazität während des Antriebs schonen. Zur energieeffizienten Aufrechterhaltung des gewünschten Innenraumklimas während der Fahrt können unterschiedliche dezentrale Komponenten wie Flächenheizer, körpernahe Gebläse mit Temperaturregelung und Wärmestrahler in Verbindung mit einer effizienten Klimaanlage zu einem Klimasystemen kombiniert werden [Ack2013, Kla2011, San2014, Waw2014, Weh2011].

Mit einer intelligenten Smart Grid Integration von ladenden BEV in dezentralen Energienetzen kann ein optimaler Ladevorgang des BEV unter Berücksichtigung der vorhandenen Netzsituation und der individuellen Bedürfnisse des Fahrers ermöglicht werden [Emo2014, FziS2014].

Das vernetzte BEV im smarten System wie beispielsweise dem Smart Home könnte über einen Dienst in Form einer Smartphone-App mit Systemen interagieren, um Verhaltensmuster des Fahrers während seines Tagesablaufs zu identifizieren und damit gezielt Thermomanagement-Maßnahmen im Fahrzeug auszuführen. So könnte wetterabhängig eine Vorklimatisierung sowie Vorkonditionierung des BEV unmittelbar vor Fahrtbeginn automatisch noch während des Aufladens der Batterie erfolgen. Mit einem Übergang zum vernetzten Fahrzeug werden mithilfe der Kommunikationsfähigkeit von Fahrzeugen zukünftig neue Möglichkeiten eines vorausschauenden Fahrens und Klimatisierens eröffnet [Gla2013, Spr2014].

2.2.2 Klimatisierung des Fahrzeuginnenraums

Liegt die Hauttemperatur eines Menschen zwischen 33 °C und 37 °C und ist seine Wärmebilanz ausgeglichen, so fühlt sich dieser behaglich, was sich positiv auf sein Komfortempfinden auswirkt [Bra2012, Gro2013, Per2007, Sch2007, Weh2011]. Hierzu muss die Temperatur der umgebenden Luft jedoch nicht möglichst nahe an der Hauttemperatur sein, sondern kann eher zwischen 20 °C und 22 °C liegen, solange alle relevanten Einflussfaktoren möglichst optimal sind [Per2007].

Der thermische Komfort eines Menschen kann nicht allgemeingültig objektiv bewertet werden, da jeder Mensch ein stark individuelles thermisches Empfinden aufweist [Dey2010]. Empirisch konnte ermittelt werden, dass bei einem sitzenden, leicht bekleideten Menschen bei geringer Luftbewegung und bei einer relativen Luftfeuchte von 50 % seine Behaglichkeitstemperatur bei etwa 25 - 26 °C liegt [Per2007].

Bild 5 zeigt schematisch das Temperaturfeld des menschlichen Körpers ohne Bekleidung nach längerem Aufenthalt in kalter und warmer Umgebung.

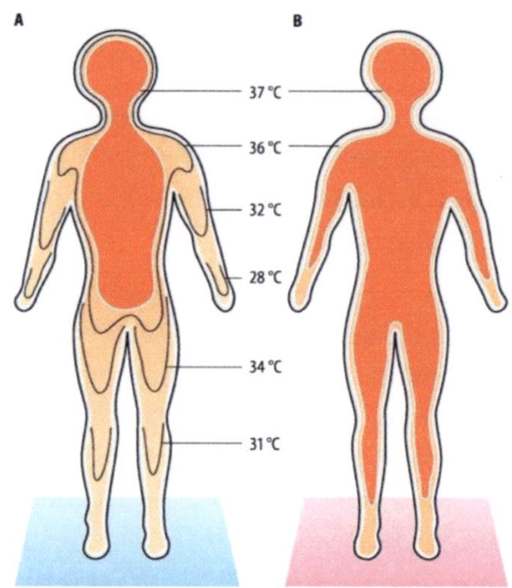

Bild 5: Temperaturfeld des menschlichen Körpers ohne Bekleidung nach längerem Aufenthalt in kalter (A; 20 °C) und warmer (B; 35 °C) Umgebung.
(Quelle: [Per2007])

Besonders bei kalter Umgebung sinken die Temperaturbereiche der Haut von Armen und Beinen im Vergleich zum Kopf und der Brust ab, weshalb eine gezielte örtliche Temperierung abgekühlter Körperzonen sinnvoll zur Erhöhung des thermischen Komforts eingesetzt werden könnte. Um dem Ziel eines möglichst angenehmen thermischen Fahrkomforts im Fahrzeuginnenraum für die Fahrzeuginsassen gerecht zu werden, sollten bei der Konzipierung von energetisch effizienten Klimatisierungsmaßnahmen die Einflussfaktoren der thermischen Behaglichkeit eines Menschen und der Klimatisierung des Innenraums berücksichtigt werden.

Folgende Faktoren wirken sich auf die thermische Behaglichkeit eines Menschen im geschlossenen Innenraum eines Pkw hauptsächlich aus [Ack2013, Gro2013, Per2007, Weh2011]:

- Wärmestrahlung und Oberflächentemperatur
- Lufttemperatur, Luftgeschwindigkeit und Luftfeuchte
- Bekleidung
- Aktivität und Stress des Insassen

Hierzu kommen folgende Einflussfaktoren, die sich direkt auf das Klima des Fahrzeuginnenraums auswirken [Gro2013, Son2012]:

- Wärmeeintrag durch Sonnenlast
- Außentemperatur
- Fahrgeschwindigkeit (erzwungene Konvektion)

26

- Insassen
- Wärmeverlust durch Außentemperatur
- Entfrostung
- Entfeuchtung

Zu erkennen ist, dass sich bei unterschiedlichen Fahrsituationen das optimal empfundene Fahrzeuginnenraumklima verändern kann [Per2007]. Bei unterschiedlich anstrengenden Fahrumständen sollte demnach eine situationsbedingte Regulierung der Innenraumklimatisierung erfolgen, um nicht unnötige Energie für Maßnahmen, die den thermischen Komfort nicht weiter erhöhen, zu verbrauchen.

Eine optimale Bewertung der Innenraumklimatisierung eines Fahrzeugs ist aufgrund der subjektiven Einflussgrößen kaum möglich [Dey2010]. Deshalb sollten bei einem effizienten Klimatisierungssystem im BEV dem Fahrer Einstellmöglichkeiten zum individuellen Anpassen der Klimatisierung zur Verfügung gestellt werden.

Bei konventionellen Fahrzeugen wird die Innenraumklimatisierung mit einer Klimaanlage und einer Heizung mit Ventilatoren in Verbindung mit im Fahrzeug an mehreren unterschiedlichen Orten verfügbaren Gebläsen umgesetzt, wobei die Feuchtigkeit und die Temperatur der ausgeströmten Luft zentral geregelt wird [Bra2012, Gro2013, Sch2007]. Aus Energieeffizienzgründen kann es sinnvoll sein, nicht den gesamten Innenraum, sondern nur die unmittelbare Umgebung der Fahrzeuginsassen zu klimatisieren. Eine zonenweise Klimatisierung des Fahrzeuginnenraums ist in Bild 6 schematisch dargestellt.

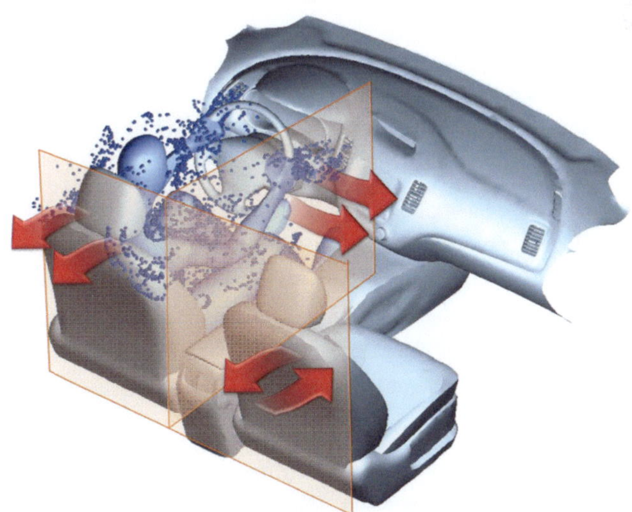

Bild 6: Schematische Darstellung einer zonenweisen Klimatisierung des Fahrzeuginnenraums
(Quelle: [Cha2012])

Hyundai konnte mit einem optimierten Klimaanlagensystem, bei dem lediglich die tatsächlich besetzten Sitzplätze klimatisiert werden, 20 % elektrische Energie einsparen, wodurch eine Reichweitenerhöhung des BEV um 9 % gelungen ist [Cha2012]. Diese Methode kann besonders bei Fahrten mit nur einem Fahrzeuginsassen effektiv sein, da nur ca. 25 % des Raumes personenbezogen klimatisiert werden müssten.

Die körpernahe Klimatisierung kann besonders effektiv durch die Kombination von mehreren dezentralen Klimatisierungselementen, beispielsweise in und um einen Sitz, den Gurten und den Beinbereichen, erfolgen, wodurch die unterschiedlichen Bereiche am Fahrzeuginsassen situationsbedingt klimatisiert werden können [Kla2011]. Bild 7 zeigt Beispiele solcher innovativer Ansätze zum körpernahen Klimatisieren.

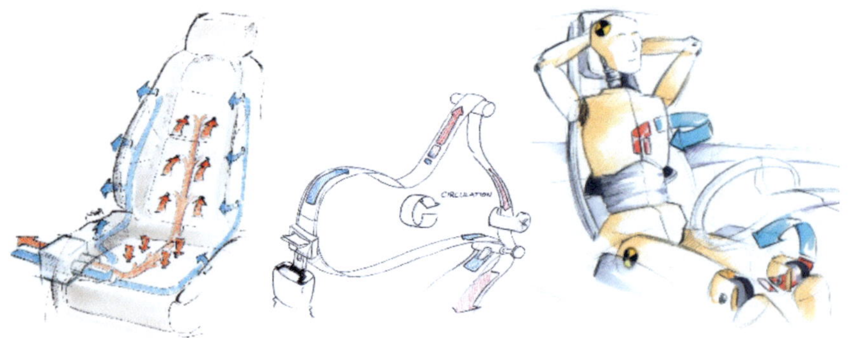

Bild 7: Beispiele innovativer Ansätze zum körpernahen Klimatisieren
(Quelle: [Kla2011])

Da sich der thermische Komfort an den Körperstellen eines Insassen unterschiedlich stark auswirkt, kann es besonders sinnvoll sein, die empfindlichen Stellen gezielt optimal und situationsbedingt zu klimatisieren [Bur2004].

Mittels einer integrierten Smartphone-Schnittstelle in einem speziell entwickelten Fahrersitz kann der Fahrer eine intelligente Sitzsteuerung über sein Smartphone aktivieren und damit einerseits das Komfortsystem und andererseits das Klimasystem des Sitzes seinem Wunschprofil entsprechend durch die App automatisch und dynamisch steuern lassen [Lud2012]. Speziell auf das BEV erweitert, könnten solche intelligenten Sitze auch zur dynamischen Klimatisierung der direkten Fahrerumgebung mittels Apps verwendet werden.

Innovative Technologien wie die Infrarotflächenheizer erlauben eine vergleichsweise sehr energieeffiziente Bereitstellung von Wärme. Infrarotflächenheizer erzeugen eine angenehme Wärmestrahlung, die den Körper wohltuend wärmt und damit den Klimakomfort im Fahrzeug erhöht. Besonders im Winter kann durch den Einsatz von Infrarotflächenheizern im BEV innerhalb sehr kurzer Zeit der Fahrer gezielt an gewünschten

28

Körperstellen gewärmt werden. Diese Art der Wärmeerzeugung ist energieeffizient, zugluftfrei, geräuschlos sowie lokal und kurzfristig genau fokussierbar. [Suc2014]

Eine schematische Darstellung zu Möglichkeiten einer körpernahen Klimatisierung mittels integrierten Infrarotflächenheizern ist in Bild 8 zu erkennen.

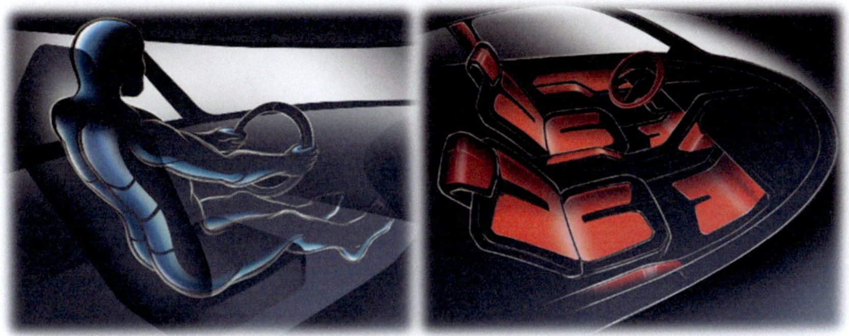

Bild 8: **Schematische Darstellung körpernaher Klimatisierung mittels integrierten Infrarotflächenheizern**
(Quelle: [Weh2011])

Aufgrund des höheren Klimakomforts und Wärmewohlbefindens des Fahrers durch den Einsatz von Infrarotflächenheizern, kann die Lufttemperatur im Fahrzeuginnenraum vergleichsweise niedriger gehalten werden als ohne den Einsatz von Infrarotflächenheizern, wodurch die benötigte Energie zum Erwärmen der Luftmengen im Fahrzeuginnenraum eingespart werden könnte. Denkbar ist die Integration solcher Infrarotflächenheizer in Stoffen, in Sitzen, in Verkleidungen und auf dem Lenkrad des BEV, um bei Bedarf direkt in unmittelbarer Umgebung des Fahrers sowie der Fahrzeuginsassen gezielte Wärmestrahlung zu erzeugen.

Heiße bzw. überhitze integrierte Wärmestellen im Fahrzeuginnenraum könnten den Fahrer bei einem ungünstigen Kontaktieren während der Fahrt erschrecken oder teilweise seinen Körperstellen verbrennen. Daher sollten Sicherheitsmaßnahmen zum Schutz vor Verbrennungen vorgesehen werden und auf eine angenehme Temperierung der integrierten Wärmequellen geachtet werden. In Abhängigkeit von der getragenen Bekleidung des Fahrzeuginsassen kann sich der wahrgenommene Wärmekomfort im Fahrzeuginnenraum stark unterscheiden, weshalb situationsbedingte thermische Maßnahmen für spezielle Bekleidungs- und Umweltbedingungen identifiziert werden sollten.

Die Fahrsituation sowie der Zustand des Fahrers können mit technischen Hilfsmitteln erfasst und ausgewertet werden, um eine situationsbedingte Klimatisierung automatisch realisieren zu können [Gla2013]. Ist dies technisch bedingt nicht möglich, sollte es dem

Fahrer ermöglicht werden, selbst einfach und schnell eine seinem Empfinden nach komfortable Einstellung der Klimatisierung einstellen zu können.

Fahrzeughersteller bieten bereits Smartphone-Apps an, mit denen neben der Anzeige vom Lade- und Energiezustand der Innenraum von BEV über ein Smartphone ferngesteuert vorklimatisiert werden kann [BMW2014, NisC2014, Sma2014, Vol2014].

2.3   Fahrerbeeinflussung

Der Fahrstil eines Fahrers ist dynamisch und kann sich kurzfristig sowie langfristig verändern. Eine gezielte Beeinflussung des Fahrers könnte daher gewünschte positive Effekte durch Maßnahmen beim Fahren ermöglichen. Bei konventionellen Fahrzeugen wird die aktive Fahrerbeeinflussung bereits zur Steigerung der Fahrsicherheit und des Fahrkomforts eingesetzt [Bie1999, Nas2003]. Die aktive Fahrerbeeinflussung könnte auf das BEV übertragen werden, um unter anderem eine vorausschauende und effiziente Fahrweise zu etablieren, durch welche der Energieverbrauch des BEV ebenfalls gesenkt werden könnte.

2.3.1   Beeinflussbarkeit des Fahrers

In der Sozialpsychologie wird die Beeinflussbarkeit des Menschen in seinem sozialen Verhalten begründet und stellt einen Bestandteil seiner Existenz und Entwicklung dar, wobei diese Beeinflussbarkeit durch die Offenheit zu Informationen und gesellschaftlichen Normen erklärt werden kann [Bar2002]. Die Beeinflussbarkeit könnte zur Steigerung des energieeffizienten Fahrens genutzt werden, indem ein System im BEV dem Fahrer Informationen bereitstellt und situationsbedingte Hinweise zum effizienten Fahren signalisiert.

Studien und Untersuchungen konnten bereits aufzeigen, dass sich der Mensch in seinem Handeln durch Medien unbewusst und bewusst beeinflussen lässt, was besonders in Bereichen des Marketings zu gezielten Maßnahmen wie der medialen Werbung eingesetzt wird [Fuc2007, Mef2012].

Optische Reize durch unterschiedlich gestaltete Anzeigen in der Umgebung des Fahrers, akustische und haptische Signale könnten daher zur Beeinflussung des Fahrers im Fahrzeuginnenraum eingesetzt werden [Bie1999, Nas2003].

Fahrer, die einen effizienten Fahrstil aufzeigen, müssten nur selten in Ihrer Fahrweise beeinflusst werden, wobei aggressive Fahrer häufig beeinflusst werden müssten. Mit der aktiven Fahrerbeeinflussung konnte bereits gezielt die Fahrsicherheit von Fahrzeugen gesteigert werden. [Bie1999]

Beim BEV bleibt diese Methodik erhalten, wobei die aktive Fahrerbeeinflussung auch zum energiesparenden Fahren eingesetzt werden könnte.

Nach einer modernen Verhaltenstheorie von B. J. Fogg beruht das Verhalten einer Person hauptsächlich auf den drei Faktoren Motivation, Fähigkeit und Auslöser. Bei geringer Motivation und der Möglichkeit etwas einfach tun zu können (Fähigkeit), reicht ein gewöhnlicher Auslöser zum Herbeiführen eines Verhaltens einer Person aus. Ist jedoch etwas besonders schwer zu tun (Fähigkeit), kann bei besonders hoher Motivation und durch einen ausreichenden Auslöser ebenfalls ein Verhalten der Person ausgelöst werden. Sobald ein Auslöser wie beispielsweise eine Nachricht oder ein Signal von einer Person wahrgenommen wird, kann diese zum Handeln verleitet werden, solange die Handlung praktisch bzw. einfach umsetzbar ist und eine Motivation der Person vorhanden ist. [Fog2010]

Die Sozialpsychologie erklärt das beobachtbare Verhalten und die Änderungen im Handeln eines Menschen mit seiner Motivation [Bar2002].

Demnach könnte sich ein Fahrer eines BEV mittels einer ansprechenden Motivation, einer Einfachheit der Tätigkeit und einem ansprechenden Auslöser zum Ändern seines Fahrstils verleiten lassen.

In Video- und Computerspielen werden bereits virtuelle Bestenlisten und Belohnungssysteme wie Medaillen und Auszeichnungen zur Motivationssteigerung und Beeinflussung des Spielers erfolgreich eingesetzt [Kli2010]. Mit der zunehmenden Vernetzung der Kommunikation durch Smartphones und soziale Netzwerken, erfahren solche Ranking-Systeme und Score-Listen steigende Beliebtheit, da sie im sozialen Netzwerk vom Spieler geteilt werden können und ihm damit Anerkennung und sogar Ruhm für seine Leistungen einbringen können [KamB2013].

Der moderne informationstechnische Begriff „Gamification" beschreibt die Integration von Spiel-Design-Elementen in Produkten und Dienstleistungen zur positiven Motivations- und Verhaltensbeeinflussung des Benutzers [Wat2014]. Ein Sportartikelunternehmen bietet einen Laufschuh an, der die Laufleistung des Benutzers aufzeichnet und mittels eines Smartphones im sozialen Netzwerk des Anbieters veröffentlicht und virtuell auszeichnet, wodurch der Läufer eine zusätzliche Motivationssteigerung zum Laufen erfährt [Blo2013]. Unternehmen haben den wachsenden Trend der Gamification ebenfalls als Potenzial erkannt und Spiel-Design-Elemente zur Motivationssteigerung und Leistungssteigerung von Mitarbeitern und Kunden implementiert [Gon2013, Sch2014].

Der beschriebene Gamification-Gedanke könnte einerseits auf das BEV übertragen werden, um den Fahrer zu einem energieeffizienten Fahrstil zu motivieren und andererseits um diesen zu beeinflussen. In Verbindung mit sozialen Medien und dem Smartphone könnten Fahrer ihre Erfolge und Erfahrungen zum energieschonenden Fahren eines BEV ihren Mitmenschen präsentieren, wodurch sie Anerkennung und damit auch eine steigende Motivation für ihr Bemühen erhalten könnten.

Erste Smartphone-Apps zur Sensibilisierung und Motivation des BEV-Fahrers zu einem energieeffizienten Fahrstil werden bereits von Fahrzeugherstellern angeboten [BMW2014, NisC2014, SmaApp2014, Vol2014].

Mit einer erfolgreichen Implementierung der Gamification bei BEV könnten sich weitere Dienste entwickeln, mit denen Fahrer von BEV subjektiv nach ihrem Fahrstil Belohnungen in Form von Privilegien wie kostenlosem Parken, günstigeren Strompreisen, Erlaubnis zum Befahren von besonderen Verkehrszonen oder Gutscheine für Dienstleistungen zum BEV, erhalten könnten. Bei einem Experiment, welches unter dem Namen „Speed Camera Lottery" geführt wurde, konnte die durchschnittlich gemessene Fahrgeschwindigkeit um 22 % gesenkt werden, indem die Autofahrer zum Einhalten der Geschwindigkeitsbegrenzung durch die Teilnahme an einer Geldverlosung, finanziert aus den Bußgeldern, motiviert wurden [Fun2010].

2.3.2 Schnittstelle zwischen Mensch und Maschine

Die Schnittstelle zwischen Mensch und Maschine (abgekürzt: HMI, vom Englischen Human Machine Interface) findet sich in einem Fahrzeug bei den Pedalen, dem Lenkrad, den Schaltungen, den Bedienknöpfen, -feldern und -anzeigen, der Armatur und der Konsole wieder. Mit diesen Benutzerschnittstellen kann der Fahrer mit dem Fahrzeug interagieren und damit Informationen empfangen bzw. erteilen, um somit seinen Bedürfnissen nach das Fahrzeug gezielt zu steuern und zu fahren.

Klassische HMI sind das Pedal und das Lenkrad sowie die Gangschaltung. Im Zuge des technischen Fortschritts konnten umfangreiche Bordcomputer und Konsolen mit unterschiedlichen Bedienmöglichkeiten in Fahrzeugen integriert werden, mit denen dem Fahrer umfangreiche Informationen bereitgestellt werden können.

Den technischen Möglichkeiten sind bei der Entwicklung moderner HMI in Fahrzeugen kaum Grenzen gesetzt. Moderne HMI-Systeme werden internetfähig sein und Software- und Hardware-Schnittstellen zu Drittanbietern und weiteren Geräten ermöglichen, wodurch flexible Grafiksysteme und Informationsdienste in HMI integriert werden können [Ble2010, Fel2013, Fle2011].

Die analoge Fahrzeugarmatur mit der Geschwindigkeits- und Drehzahlanzeige konnte bereits durch Bildschirme abgelöst werden, auf denen digitale Animationen der unterschiedlichen Anzeigen und Informationen dargestellt werden können [Hof2013]. Mehrfachbelegte Bedientasten mit sich ändernder Beschriftung können klassische Tasten im Fahrzeug ersetzen, wodurch die Anzahl an Funktionen und Informationen in den für den Fahrer ergonomisch optimalen Greifbereichen im Fahrzeug gesteigert werden kann [Küc2010]. Über das Lenkrad kann dem Fahrer ein Signal mittels kurzen Drehmomentimpulsen gegeben werden [Bie1999].

Zusätzliche ergonomisch günstige Anzeigeflächen für fahrerrelevante Informationen und Hinweise von Assistenzsystemen ermöglicht die Head-Up-Display Technologie, bei der sich Texte und Animationen direkt auf die Windschutzscheibe projizieren lassen [Blu2013]. Beispielhaft ist in Bild 9 eine schematische Darstellung einer Variante zur Fahrerinformation mittels Head-Up-Display visualisiert.

Bild 9: **Schematische Darstellung einer Variante zur Fahrerinformation mittels Head-Up-Display** (Quelle: [Blu2013])

In Verbindung mit dem Smartphone und der Vernetzung von vielen technischen Geräten kann sich das Connected Car ebenfalls in unmittelbarer Zukunft entwickeln [Gla2013]. Dabei können im Fahrzeug eingebundene und angebundene Systeme zur Vernetzung mit dem Internet eingesetzt werden. Eingebundene Systeme verfügen über eine integrierte SIM-Karte mit einem Modem zur Internetverbindung, wobei die Rechenleistung vom Infotainment-System des Fahrzeugs bereitgestellt wird. Über eine Funk- oder Kabelverbindung können angebundene Systeme wie Smartphones mit dem Fahrzeug verbunden werden, von denen die Rechenleistung direkt bereitgestellt wird.

Die Verbindung des BEV mit einem Smartphone ermöglicht vergleichsweise einfache Implementierungen von intelligenten Applikationen, die den Fahrer bei einem effizienten und energieschonenden Fahren unterstützen können. Für die Entwicklung kostengünstiger Software zur Interaktion in Fahrzeugen wird sich bei den Entwicklern um fortschrittliche Programmiermethoden bemüht, mit denen sich über Schnittstellen auf multimediale Standards mit Applikationen wie Smartphone-Apps relativ einfache, günstige, vernetzbare und sichere Anwendungen realisieren lassen [Bur2013].

Eine Open Source Entwicklungsoberfläche für Softwareapplikationen im Fahrzeug wurde bereits eröffnet und lädt interessierte Automobilhersteller ein, gemeinsam eine einheitliche und automobilgerechte Schnittstelle zu elektronischen Endgeräten wie Smartphones zu entwickeln, über die auf die Fahrzeug-Infotainment-Systeme zugegriffen und mit diesen kommuniziert werden kann [Pul2014].

Vorreiter bei BEV in der Automobilindustrie bieten ihren Kunden bereits nützliche Smartphone-Apps als zusätzlichen Dienst in Verbindung mit ihren BEV an [BMW2014, NisC2014, Sma2014, SmaApp2014, Vol2014].

Über Smartphone-Apps lassen sich aufgrund von standardisierten Schnittstellen relativ einfach neue Funktionen für die Fahrzeuginteraktion mit sicherem und verschlüsselten Datenaustausch implementieren, wie beispielsweise für intelligent gesteuerte Fahrersitze, Navigationssysteme, eine ferngesteuerte Klimatisierung, Überwachungs- und Alarmfunktionen bis hin zur automatischen Einparkhilfe [Jun2012, Lud2012, Tan2013]. Intelligente Apps zur Energieoptimierung mittels Thermomanagement und Fahrerbeeinflussung für BEV wären somit ebenfalls denkbare Maßnahmen.

Moderne HMI Technologien ermöglichen eine Vielzahl an Methoden dem Fahrer Informationen über das Fahrzeug, seinen Fahrstil und die Umwelt zu geben, um gezielt eine Beeinflussung des Fahrers zum effizienten und energiesparenden Fahren einzusetzen. Dabei sollte ein HMI in einem BEV so konzipiert sein, dass der Fahrer die Informationen als hilfreich sowie angenehm empfindet und damit eine gesteigerte Motivation zum effizienten Fahren entwickelt [Hof2013].

2.3.3 Fahrstil

Der Fahrstil eines Fahrers im öffentlichen Verkehr ist dynamisch und kann zu einem Zeitpunkt ruhig und zu einem anderen Zeitpunkt normal oder aggressiv sein. Da sich der Fahrstil direkt auf den Energieverbrauch eines Fahrzeugs auswirkt, können wissenschaftliche Erkenntnisse zu Fahrstilen bei der Implementierung von erfolgreichen Maßnahmen zur Energieoptimierung bei BEV besonders hilfreich sein.

In der Literatur werden Methoden beschrieben, mit denen sich der Fahrstil eines Fahrers wissenschaftlich gut klassifizieren lässt und sich somit verlässliche Vorhersagen zum Energieverbrauch eines Fahrzeugs relativ zum Fahrstil erzielen lassen. [Man2010, Mur2009, Rui2011, You2013]

Folgende Klassifizierungen lassen sich zum Fahrstil beschreiben [Mur2009]:

- Ruhiges Fahren: vorrausschauender Fahrer in Bezug auf andere Verkehrsteilnehmer, Ampeln und Verkehrszeichen sowie Geschwindigkeitsbegrenzungen. Er vermeidet starke Beschleunigungen und erreicht das energieeffizienteste Fahren.
- Normales Fahren: mäßiger Gebrauch der Beschleunigung und der Bremsen. Dieses Fahrerverhalten ist weniger energieeffizient.
- Aggressives Fahren: abrupter Gebrauch der Beschleunigung und starkes Bremsen. Er erzielt die geringste Energieeffizienz beim Fahren.

Die Häufigkeit an Änderungen zwischen dem Beschleunigen und dem Abbremsen kann als ein Ruckeln bzw. ein Zucken bezeichnet werden und korreliert sehr gut mit dem Energieverbrauch eines Fahrzeugs, wodurch es zur Fahrstilklassifizierung gebraucht wird [Mur2009]. Als zusätzlicher sinnvoller Parameter zur Abschätzung der Energieeffizienz des Fahrers kann ebenfalls die Fahrzeuggeschwindigkeit berücksichtigt werden [Man2010]. Beide statistischen Verfahren sind vergleichsweise zu ortungsbasierten Verfahren sehr effektiv und technisch einfach umsetzbar [Rui2011]. Besonders bei BEV wirkt sich der Fahrstil des Fahrers direkt auf den Energieverbrauch des Fahrzeugs aus und kann bei einem aggressiven Fahrstil im Vergleich zu einem ruhigen Fahrstil die Fahrkosten für den Fahrer um über 30 % erhöhen [Bin2012].

Eine verlässliche Reichweitenprognose für den Fahrer ist aufgrund der relativ geringen Reichweite von BEV von großem Interesse und erhöht seine Mobilitätssicherheit. Mithilfe von Smartphone-Apps können dem Fahrer relativ zum Standort eines BEV die energieeffizientesten Routen zum gewünschten Zielort angezeigt und somit verlässliche Aussagen zur Reichweite getroffen werden [Yaq2012]. Durch die Verfügbarkeit von Ortungstechnologien bei Fahrzeugen und Verkehrs- sowie Straßendaten lassen sich Routing Systeme in BEV realisieren, die den Fahrer dabei unterstützen können relativ zu seinem Fahrstil und der Umgebung eine möglichst hohe Reichweite für das BEV zu erzielen [Boe2013, Con2012, Yuh2012]. Zur Steigerung der Genauigkeit von Reichweiteprognosen in BEV sollte ebenfalls der Fahrstil des Fahrers zur Berechnung berücksichtig werden.

Moderne Smartphones verfügen über GPS-Module sowie Sensoren wie einen Beschleunigungssensor, eine Kamera, ein Gyroskop und ein Magnetometer, mit denen mittels Apps technisch günstig Fahrtdaten aufgezeichnet werden können [Cas2013, Ere2012, Pfr2014]. Die Kombination der Sensoren von Smartphones und Daten aus den Signalen vom Fahrzeug CAN-Bus kann technisch einfache und kostengünstige Applikationen zur Aufnahme von Fahrstilen ermöglichen. Das Smartphone kann dabei gleichzeitig zur Visualisierung von Feedback verwendet werden.

Die Fahrtrainer-App Driving Coach unterstützt den Fahrer eines Pkw dabei, den Kraftstoffverbrauch beim Fahren kontinuierlich zu senken, indem das Smartphone über eine

Bluetooth-Schnittstelle Fahrzeugsignale über den CAN-Bus aufnimmt und dem Fahrer direkt Fahrstrecken- und Verbrauchskennzahlen visualisiert [Ara2012].

Die App MIROAD wurde zur Aufnahme, Bewertung und Visualisierung des Fahrstils entwickelt und kann auf einem Smartphone ausgeführt werden. MIROAD greift ebenfalls einerseits auf die Sensorik des Smartphones und anderseits über eine Fahrzeug CAN-Bus Schnittstelle auf die Fahrzeugsignale zu. [Joh2011]

Bei Versuchen zum Fahrstil konnte der Energieverbrauch eines BEV um 20 bis 30 % gesenkt werden, indem über eine App, die durch Parametrisierung auf weitere BEV übertragbar ist, der Fahrstil des Fahrers aufgezeichnet wird und ihm direkt Feedback zum Fahrstil, das zu einem energieeffizienten Fahren motiviert, visualisiert werden [Cor2013].

2.3.4 Eco-Driving

Im Sinne der globalen Reduzierung der CO_2 Emissionen und des Energieverbrauchs wird in diesem Buch unter Eco-Driving ein bewusster energieeffizienter Fahrstil des Fahrers verstanden. Durch ein energieeffizientes Fahren sollten gleichzeitig auch die Beanspruchung sowie der Verschleiß von Fahrzeugkomponenten gemindert werden können. Ein bewusstes Eco-Driving-Verhalten des Fahrers kann daher einerseits seine Mobilitätskosten durch den geringeren Verbrauch von Energie und Verschleiß reduzieren und andererseits durch sein umweltfreundliches Verhalten die Umwelt schonen. Die Steigerung des Bewusstseins zum Eco-Driving durch Fahrerfeedback und Trainingsmaßnahmen für Fahrer kann ein signifikantes Potenzial zur Reduzierung des Energieverbrauchs für Mobilität und somit zur Reduzierung von CO_2 Emissionen aufweisen. Insbesondere bei EV ist eine Eco-Driving-Sensibilisierung sehr sinnvoll. [Ala2014, Bar2010, Sti2013]

Studien zum Energieverhalten von Menschen in Gebäuden konnten bereits Erkenntnisse über das Potenzial von Feedback zum Energieverbrauch aufzeigen. Die Motivation für energieeffizientes Verhalten eines Menschen kann durch Feedback zu seinem historischen und aktuellen Energieverbrauch effektiv gesteigert werden, insbesondere wenn Feedback innerhalb eines sozialen Netzwerks verglichen werden kann. Der soziale Einfluss kann dabei die Energiesparsamkeit eines Menschen, der Feedback zu seinem Energieverbrauch erhält, steigern. [Jai2013]

Der Automobilhersteller Fiat bietet seinen Kunden von konventionellen und neuen Fahrzeugen sein kostenloses Software-System EcoDrive für Computer oder als App an. Das System nimmt Fahrtdaten während der Fahrt auf und visualisiert anschließend nach den Fahrten dem Fahrer individuelle Analysen und Feedback zu seinem Fahrstil. Damit kann der Fahrer den Kraftstoffverbrauch um bis zu 16 % reduzieren. Neben den Analysen und dem Feedback verfügt dieses System über eine Community sowie einen Fahrtrainer mit einem Echtzeitpunktebewertungssystem zum sparsamen Fahren. [Fia2014]

Eine funktional simple App, entwickelt von Toyota, simuliert ein Glas Wasser, das durch starkes Beschleunigen während einer Fahrt Wasser verliert. Ziel des simulierten Wasseraustritts ist es, den Fahrer zu einem ruhigen Beschleunigen des Fahrzeugs zu animieren. Die Entwickler versprechen Einsparungen beim Energieverbrauch und somit beim Kraftstoffverbrauch bei konventionellen Fahrzeugen von bis zu 10 %. Nachträglich kann ein Benutzer seine Ergebnisse auswerten und innerhalb der Community teilen [Agl2014].

Mit der Car-Net App von VW, der BMW i Remote App, der CARWINGS App von Nissan, und zum smart fortwo electric drive werden von den Fahrzeugherstellern Services zu ihren BEV zur Verfügung gestellt. Mit diesen Apps können neben Funktionen zur Fernsteuerung des Ladens und der Klimatisierung des BEV auch Fahrstilbewertungen und Eco-Driving-Navigation mit dynamischen Reichweiteangaben und in der Nähe gelegener Ladestationen-Anzeige realisiert werden. [BMW2014, NisC2014, SmaApp2014, Vol2014]

Das System EcoGem unterstützt den Fahrer eines BEV einerseits dabei, energieoptimale Routen zum Fahren auszuwählen und anderseits anhand einer Ladestrategie zeitlich und örtlich optimale Ladestationen zum Aufladen des BEV zu identifizieren und aufzusuchen. Bei der Ermittlung von effizienten Fahrstrecken berücksichtigt das lernende System geteilte Informationen anderer Akteure sowie Verkehrsdaten, Geländedaten, Wetterdaten und eigene historische Daten. Über die variable Ladestrategieempfehlung des Systems soll dem Fahrer ein möglichst hoher Reichweiten- und Mobilitätskomfort bei der Benutzung eines BEV ermöglicht werden. [Dem2012, EcoG2014]

OpEneR unterstützt den Fahrer eines BEV beim Steigern der Energieeffizienz während einer Fahrt und der damit verbundenen Sicherstellung sowie Erhöhung der Reichweite des BEV. Ein automatisch unterstütztes und vorausschauendes Fahren wird durch technisch sowie Software-unterstütze Maßnahmen vom System erzielt. Bei Versuchen konnten mit OpEneR Reichweitenerhöhungen bei BEV um bis zu 36 % erreicht werden. Über die Sensorik und die Kommunikationsfähigkeit des Systems werden Umgebungs- und Streckeninformationen wie Geschwindigkeitsbegrenzungen, Kurven und Ampeln erfasst. Neben dem Eco-Routing unterstützt das entwickelte HMI-System den Fahrer durch visuelle und haptische Hinweise bei einem situationsbedingten optimalen Fahrstil, wie beispielsweise einem effizienten Anfahren und einer verbesserten Rekuperation vor dem Anhalten. [Fzi2014, Ope2014, SprO2014]

Die wissenschaftliche Literatur bestätigt das Potenzial von Eco-Driving-Maßnahmen zum energieeffizienten Fahren und den damit verbundenen Reduzierungsmöglichkeiten des Energieverbrauchs und der CO_2 Emissionen von Fahrzeugen [Ala2014]. In Versuchen zum energiesparenden Fahren mit einem Plug-in Hybrid EV reagierten Testfahrer positiv auf Echtzeit Eco-Driving-Feedback, welche dem Fahrer über die Fahrzeugkonsole dargestellt wurden. Die Fahrzeugkonsole visualisiert zusätzlich neben dem Batteriezustand die Fahrkosten, Emissionswerte sowie den aktuellen und einen prognostizierten Energieverbrauch, der in Relation zum Fahrstil des Fahrers berechnet wird. Fahrer empfanden hierbei eine persönlich erreichte Kennzahl, wie beispielsweise die erhöhte Reichweite des Fahrzeugs, als sehr motivierend. Ein vom Fahrer angenehm empfundenes Design der Feedback-Oberfläche animiert den Fahrer beim Erreichen von Eco-Driving-Zielen und sensibilisiert ihn somit zu einem energiesparenden Fahrstil. [Sti2013]

Im Stadtverkehr treten häufiger Anfahr- und Anhaltezyklen beim Fahren auf, weshalb sich bei BEV besonders hier aus dem Vergleich einer idealen mit der tatsächlichen Geschwindigkeitskurve einer gefahrenen Strecke Eco-Driving-Scores berechnen lassen, mit denen der Fahrer einen energieoptimalen Fahrstil mittels Feedback erlernen kann [Dib2014]. Ein einfach gestalteter und logischer Vergleichswert über den Fahrstil wie beispielsweise ein Eco-Driving-Score, kann den Fahrer zum energieeffizienten Fahren animieren und zum Steigern dieses Wertes bzw. Scores während weiterer Fahrten anregen.

Eine für Smartphones und Tablets entwickelte App nimmt hierzu über einen Bluetooth- oder USB-CAN-Bus-Adapter Fahrzeugdaten auf, um dem Fahrer eines BEV hieraus direkt mittels individuell berechneter Eco-Driving-Punkte Feedback über seinen Fahrstil zu visualisieren. Bei experimentellen Fahrten mit BEV konnten damit Fahrer ihre persönlichen Eco-Driving-Punkte während der zweiten Fahrt durchschnittlich um 16,8 % erhöhen und dadurch ihren energieeffizienten Fahrstil verbessern. [Fra2013]

Die Projekte GreenNavigation und Energieeffizientes Fahren EFA 2014 Phase II zielen auf die Forschung zur Sicherstellung und Erhöhung der Reichweite von BEV durch technische und softwareunterstütze Maßnahmen. Hierbei wird ebenfalls das Potenzial des Eco-Drivings, der Fahrstilaufnahme sowie -bewertung, von Fahrerfeedback und von intelligenten Kommunikationsmaßnahmen für BEV untersucht und aufgezeigt werden. [EmoE2014,EmoG2014, FziE2014, FziG2014]

2.4 Szenarien der Fahrzeugnutzung

In diesem Buch können zwei konträre Fahrzeuggebrauchsszenarien betrachtet werden. Ein Szenario bildet den klassischen Fahrzeugbesitzer ab, der privater Fahrzeughalter des BEV ist. Das weitere Szenario beschreibt ein BEV in einem konventionellen Carsharing-System, bei dem das Fahrzeug von mehreren Personen organisiert genutzt wird.

Die Klima- und Verkehrsbedingungen beider Szenarien werden so angenommen, wie sie in der Bundesrepublik Deutschland im Jahre 2014 vorherrschen. Die Fahrzeugpflege, Instandhaltung und Wartung wird für beide Szenarien nicht gesondert unterschieden.

2.4.1 Szenario des klassischen Fahrzeugbesitzers

Das BEV in diesem Szenario wird von einem Fahrzeughalter privat genutzt. Am direkten Wohnort stellt der Fahrer sein BEV zum Parken und Aufladen ab. Dabei kann dieser Bereich eine Garage, ein Carport, ein Stellplatz, ein öffentlicher Parkplatz oder Parkstand sein. Der Fahrzeughalter kann nach Bedarf sein BEV über eine Ladestation an diesen Stellplätzen oder über die eigene Haushaltssteckdose am Wohnort aufladen.

Der Fahrzeughalter hat neben seiner Fahrstrecke zur Arbeit weitere Strecken, die größtenteils wiederkehrend sind. Nur ein geringer Anteil der Fahrstrecken ist unbekannt wie beispielsweise Fahrten zu Ausflugsorten oder Orten von besonderem Interesse. Besonders alltägliche Fahrstrecken mit den Zieleorten Arbeit, Einkaufsmöglichkeiten, Freizeitmöglichkeiten und Wohnort sind sehr wiederkehrend.

Bei diesem Szenario ist der Anteil, bei dem das Fahrzeug abgestellt ist, höher als beim Carsharing. Die Fahrzeiten sind im Vergleich hierzu gering, da der Fahrer sich zu seinem Ziel begibt, das BEV dort abstellt und erst wieder für eine Fahrt zu einem anderen Ziel gebraucht. Ein durchschnittlicher Tagesablauf des Fahrers ist größtenteils ebenfalls wiederkehrend und sehr gut planbar. Der Fahrer hat bei der Verfügbarkeit seines BEV die höchste Flexibilität.

2.4.2 Szenario des BEV bei einem konventionellen Carsharing

Beim konventionellen Carsharing teilen sich organisiert mehrere unterschiedliche Fahrer mehrere unterschiedliche Fahrzeuge gebührenpflichtig [Ali2012, Bia2013, Kna2014, Mov2014, Pan2012].

Ein Fahrer registriert sich beim Carsharing-System mit seinen persönlichen Daten, um eine gebührenpflichtige Nutzungsberechtigung der Fahrzeuge zu erhalten. Dem registrierten Profil werden die Fahrzeugnutzungsdaten und die entstehenden Nutzungskosten vom Carsharing-Betreiber zugeordnet. Es bietet sich dabei an, den Fahrstil eines Fahrers in das registrierte Profil mit aufzunehmen bzw. aufzuzeichnen, um dem Fahrer individuelle Eco-Driving-Strategien anzubieten (vgl. Abschnitt 2.3.3 und 2.3.4).

Mithilfe von Apps oder Webseiten kann ein Fahrer sich zu seinem gewünschten Termin und Standort ein Fahrzeug reservieren, unter der Voraussetzung, dass das gewünschte Fahrzeug zur Reservierung verfügbar ist. Besonders bei BEV ist die Angabe einer geplanten Fahrdistanz sinnvoll, um ein BEV mit ausreichend geladenem Batteriezustand zur Verfügung stellen zu können. Fahrzeuge werden an festen Stellplätzen mit Ladestationen, die von dem Carsharing-Anbieter betrieben sind, abgeholt und wieder abgestellt.

Üblicherweise liegen Carsharing-Stellplätze an Orten mit günstig gelegener Verkehrsanbindung, weshalb besonders in dicht besiedelten Städten ein hohes Carsharing-Stellplatzangebot verfügbar sein kann.

Die Fahrstrecken eines Carsharing-BEV sind nicht besonders wiederkehrend und daher größtenteils unbekannt, was von der Nutzeranzahl des Systems abhängen kann. Ebenso ist die Flexibilität des BEV gering, da die kurz- bis mittelfristige Verfügbarkeit größtenteils organisatorisch geplant und reserviert ist.

Bei ausreichender Nutzungsauslastung des Systems sind die Standzeiten der BEV sehr gering. Lediglich die Notwendigkeit des Aufladens der Batterie erzwingt Mindeststandzeiten eines BEV und beschränkt damit seine Verfügbarkeit.

3 Versuchskonzeption

In den folgenden Abschnitten des Kapitels 3 werden neben einer Darstellung des verwendeten BEV sowie einer ausgewählten Teststrecke eine Beschreibung zur Erfassung der Fahrtdaten und ihrer Verifizierung für die Versuchsdurchführung in diesem Buch aufgezeigt. Anschließend folgt eine Bewertung und Auswahl von Versuchsmaßnahmen sowie eine Übersicht zur Planung der Versuchsreihen.

3.1 Fahrzeug und Teststrecke

Dieser Abschnitt beschreibt das für dieses Werk zur Verfügung gestellte BEV. Anschließend wird eine Auswahl der Teststrecke für die Versuchsdurchführung aufgezeigt.

3.1.1 Fahrzeug

Als BEV wird für die Versuchsdurchführung das rein elektrisch betriebe Fahrzeugmodell Leaf des Herstellers Nissan eingesetzt. Das Fahrzeug konnte für die Versuchsdurchführung ausgewählt werden, da es hierfür durch die freundliche Unterstützung der Move About GmbH in Bremen zur Verfügung gestellt wurde [Mov2014]. Der Nissan Leaf ist in Bild 10 zu erkennen.

Bild 10: BEV Nissan Leaf

Der fünftürige Mittelklassewagen verfügt mit seinem 80 kW Elektromotor und einer 24 kWh Lithium-Ionen Batterie eine vom Hersteller angegebene Reichweite von 200 km.

In der zweiten Modellgeneration ist dieses BEV technisch ausgereift, komfortabel und benutzerfreundlich umgesetzt. Dem Kunden werden von Nissan die Apps CARWINGS und FEEL ELECTRIC zur Verfügung gestellt, um auf die moderne Informationstechnologie des Fahrzeugs zugreifen zu können. Je nach Ausstattungsvariante und abhängig von einem Batteriekauf oder einer Batteriemiete ist der Leaf derzeit zwischen 23.790 € und 35.090 € erhältlich. [Nis2014]

In der Wissenschaft ist der Nissan Leaf bereits ein bekanntes und gut untersuchtes Elektrofahrzeug [Hay2011].

3.1.2 Teststrecke

Um eine möglichst reproduzierbare Versuchsdurchführung zu erreichen, wurde eine Strecke ausgewählt, die folgende Kriterien erfüllt:

- innerörtlicher Fahrstreifen im Sinne der Straßenverkehrsordnung
- sehr geringes bis kaum vorhandenes Verkehrsaufkommen
- keine Ampeln, Fußgängerüberwege, Haltestellen oder Bahnübergänge
- minimale Höhenunterschiede
- offene Fahrstrecke im Freien
- kurzzyklische Wiederholstrecke, idealerweise kürzer als 5 Minuten Fahrzeit
- geringe Entfernung zur Ladestation des BEV

Eine übliche innerörtliche Fahrstraße mit einem möglichst geringen Verkehrsaufkommen, sowie keinen Ampeln, Fußgängerüberwegen und Haltestellen soll eine möglichst reproduzierbare, sichere und gleichzeitig realitätsnahe Versuchsdurchführung ermöglichen. Der Verzicht auf andere Verkehrsteilnehmer sowie reale Ampeln, Haltestellen oder Bahnübergänge erhöht die Sicherheit bei der Versuchsdurchführung und mindert die unvorhersehbaren Einflussgrößen.

Der Einfluss des höheren Energiebedarfs zur Überwindung einer Höhe wird durch die Auswahl einer Fahrstrecke mit möglichst geringem Höhenunterschied ausgeschlossen. Da die Erwärmung des Fahrzeugs durch Sonneneinstrahlung bei der Versuchsdurchführung mit berücksichtigt wird, ist eine offene Fahrstrecke im Freien erforderlich.

Eine praktikable Versuchsdurchführung mit möglichst hinreichender Stichprobe soll dadurch erreicht werden, dass die wiederholbare Fahrstrecke kürzer als fünf Minuten Fahrzeit beträgt und sich der Start- auf dem Zielpunkt befindet. Für eine praktikable Versuchsdurchführung soll die Entfernung der Fahrstrecke zur Ladestation möglichst gering sein.

Bild 11 visualisiert die ausgewählte 1,7 km lange Versuchsstrecke im Industriegebiet Horn-Lehe West in Bremen mit Start- und Endpunkt sowie den Streckenverlauf.

Bild 11: **Ausgewählte Fahrstrecke zur Versuchsdurchführung**
(Link zur Darstellung in Google Maps: [Goo2014])

Startpunkt der Strecke ist der Punkt Haferwende 37 im Bild. Die Punkte Haferwende 31, 24, 18 sowie 7, Auf der Höhe 2, Kleiner Ort und schließlich wieder Haferwende 37 definieren den Streckenverlauf mit einer durchschnittlichen Fahrzeit von drei Minuten. Dieses Industriegebiet erfüllt die beschrieben Kriterien sehr gut.

3.2 Erfassung von Fahrtdaten

Die für die Versuchsdurchführung dieses Werkes relevanten Fahrdaten sollen anhand der Raddrehzahl des BEV und der Ströme und der Spannungen der Traktionsbatterie ermittelt werden. Hieraus lassen sich die zur Untersuchung notwendigen Größen wie die zurückgelegte Fahrstrecke, die momentane Beschleunigung, die momentane Leistung und die Energieverbräuche des BEV berechnen. In den folgenden Abschnitten wird die Methodik zur Berechnung dieser Größen im Rahmen dieses Werkes aufgezeigt.

In Abschnitt 3.2.6 wird anschließend ein Vergleich der aufgezeichneten Fahrstrecke und des aufgezeichneten Energieverbrauchs des BEV mit den dazugehörigen gespeicherten historischen Daten aus der Nissan CARWINGS Applikation zur Verifizierung dargestellt [NisC2014].

3.2.1 Geschwindigkeit

Aus den Werten des linken Vorderrads $WL(t)$ und des rechten Vorderrads $WR(t)$ des BEV lässt sich der Mittelwert beider Größen berechnen. Multipliziert mit einem ermittelten Geschwindigkeitsquotienten GQ wird aus dem Mittelwert der Werte beider Räder die momentane Fahrzeuggeschwindigkeit $v(t)$ zum Zeitpunkt t berechnet.

$$v(t) \ = \ \frac{1}{2}(WL(t) \ + \ WR(t)) \ \cdot \ \frac{1}{GQ}$$

Durch die Verwendung eines GPS-Moduls kann parallel zur Ermittlung der Fahrzeuggeschwindigkeit eine mittels GPS berechnete Geschwindigkeit des BEV aufgezeichnet werden. Technisch bedingt ist die Abweichung einer mittels GPS ermittelten momentanen Fahrgeschwindigkeit zur der realen Fahrgeschwindigkeit in der Regel geringer als die Abweichung der Geschwindigkeitsanzeige im Fahrzeug.

Da jedoch das GPS-Signal während einer Versuchsdurchführung zwischenzeitlich ausfallen bzw. aufgrund von Signalschwankungen Fehlmessungen versuchen kann, soll für die Versuchsdurchführung die Fahrzeuggeschwindigkeit anhand der Werte der Vorderradgeschwindigkeiten des BEV berechnet werden. Eine Kalibrierung und Verifizierung der Geschwindigkeitsberechnung anhand der Vorderradgeschwindigkeiten soll mithilfe von GPS-Geschwindigkeitsaufzeichnungen durchgeführt werden.

Der Geschwindigkeitsquotient GQ wird aus dem Mittelwert beider Radgeschwindigkeiten dividiert durch die parallel aufgezeichnete momentane GPS-Geschwindigkeit $vg(t)$ in der Einheit km/h berechnet.

$$GQ \ = \ \frac{\frac{1}{2}(WL(t) \ + \ WR(t))}{vg(t)}$$

Bei jeweils zwei Testfahrten auf der Autobahn und in der Stadt sowie nur in der Stadt werden die mittels GPS erfassten momentanen Geschwindigkeiten parallel zu den momentanen Vorderradgeschwindigkeiten des Fahrzeugs aufgezeichnet. Die Tabelle 1 verdeutlicht die experimentelle Ermittlung des Geschwindigkeitsquotienten.

Tabelle 1:   Experimentelle Ermittlung des Geschwindigkeitsquotienten

Fahrt	Geschwindigkeit	Mittelwert	Maximum
Autobahn und Stadt 1	GPS (km/h)	67,1	146,1
	Wert der Räder	13705,6	29923,0
	Quotient	**204,2**	**204,8**
Autobahn und Stadt 2	GPS (km/h)	86,6	146,7
	Wert der Räder	17731,8	29978,5
	Quotient	**204,8**	**204,4**
Nur Stadt 1	GPS (km/h)	29,1	70,4
	Wert der Räder	5979,5	14675,5
	Quotient	**205,4**	**208,5**
Nur Stadt 2	GPS (km/h)	36,7	86,9
	Wert der Räder	7541,4	18089,5
	Quotient	**205,5**	**208,3**

Neben dem Mittelwert aller aufgezeichneten Geschwindigkeiten einer Fahrt wird auch die maximale Geschwindigkeit dieser Fahrt zur Berechnung des jeweiligen Quotienten herangezogen. Aus den somit acht ermittelten Quotienten ergibt sich ein gemeinsamer Mittelwert von 205,7 in der Einheit h/km. Dieser Quotient wird für die Berechnung der momentanen Fahrzeuggeschwindigkeit in der Einheit km/h für die Versuchsdurchführung dieses Werkes herangezogen.

3.2.2   Fahrstrecke

Über das Integral der momentanen Geschwindigkeit $v(t)$ des BEV im Zeitintervall a bis b wird die in diesem Zeitintervall t zurückgelegte Fahrstrecke $s(t)$ berechnet.

$$s(t) = \int_{a}^{b} v(t)\ dt$$

Mittels Kumulation aller berechneten momentanen Strecken $s(t)$ wird die gesamte gefahrene Strecke S_t des BEV in der Einheit km im Zeitintervall einer Fahrt zum Zeitpunkt t berechnet.

$$S_t = \sum s(t)$$

Die Fahrstrecke S_t wird in der Einheit km ermittelt.

3.2.3 Beschleunigung

Das Differenzial der momentanen Geschwindigkeit $v(t)$ des BEV in einem Zeitintervall ergibt die in diesem Zeitintervall wirkende momentane Beschleunigung $a(t)$.

$$a(t) = \frac{dv(t)}{dt}$$

Aus der ermittelten momentanen Geschwindigkeit in der Einheit km/h multipliziert mit dem Faktor 3,6 wird die momentane Beschleunigung in der Einheit ms^{-2} mittels Differenzieren berechnet.

3.2.4 Leistung der Traktionsbatterie

Die momentane elektrische Leistung $p(t)$ der Traktionsbatterie wird über die Multiplikation ihrer momentanen Stromstärke $i(t)$ und ihrer momentanen Spannung $u(t)$ berechnet.

$$p(t) = u(t) \cdot i(t)$$

Dividiert mit 1000 wird die momentane elektrische Leistung $p(t)$ der Traktionsbatterie in der Einheit kW für die Versuchsdurchführung aufgenommen.

3.2.5 Energieverbrauch der Traktionsbatterie

Die momentane elektrische Energie $e(t)$ kann durch Integration der momentanen Leistung $p(t)$ im Zeitintervall a bis b berechnet werden.

$$e(t) = \int_a^b p(t)\ dt$$

Aus der momentanen elektrischen Leistung $p(t)$ der Traktionsbatterie in der Einheit kW wird die momentane elektrische Energie $e(t)$ der Traktionsbatterie in der Einheit kWs für die Versuchsdurchführung ermittelt und aufgenommen.

Der gesamte Energieverbrauch E_t der Traktionsbatterie im Zeitintervall einer Fahrt wird mittels Kumulieren aller momentaner Energien $e(t)$ des Zeitintervalls zum Zeitpunkt t berechnet.

$$E_t = \sum e(t)$$

Der momentane kumulierte Energieverbrauch E_t dividiert durch 3600 wird in der Einheit kWh zum jeweiligen Zeitpunkt einer Fahrt ebenfalls aufgenommen.

Aus der kumulierten Fahrstrecke S_t und dem kumulierten Energieverbrauch E_t wird der Energieverbrauch EV_t pro 100 km zum Zeitpunkt t ermittelt.

$$EV_t = \frac{E_t}{S_t} \cdot 100$$

Der berechnete Energieverbrauch EV_t wird in der Einheit kWh/100 km aufgenommen.

3.2.6 Verifizierung von Fahrtdaten mittels Nissan CARWINGS

Aus der Nissan CARWINGS Applikation können historische Fahrzeugdaten über die Fahrstrecke, den gesamten Energieverbrauch sowie den durchschnittlichen Energieverbrauch pro 100 km bei einer Fahrt ermittelt werden [NisC2014].

Zur Verifizierung der während einer Versuchsdurchführung aufgezeichneten Fahrstrecke und des aufgezeichneten Energieverbrauchs der Traktionsbatterie werden für zehn aufeinanderfolgende Fahrten die historischen Fahrtdaten aus Nissan CARWINGS ebenfalls ermittelt und mit den aufgezeichneten Daten gegenübergestellt. Diese Gegenüberstellung ist mit den Gesamtwerten der Fahrtdaten über die zehn Fahrten in Bild 12 dargestellt.

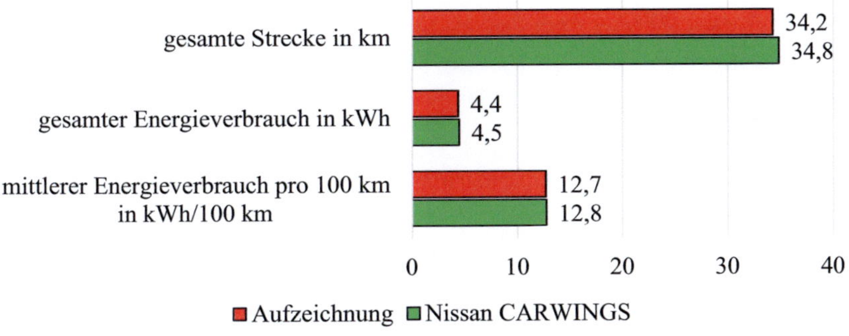

Bild 12: Verifizierung von aufgezeichneten Fahrtdaten mittels Nissan CARWINGS

Während der zehn aufgezeichneten Fahrten wird eine gesamte gemessene Fahrstrecke von etwa 34,2 km zurückgelegt. Dabei beträgt der gemessene gesamte Energieverbrauch ca. 4,4 kWh und der gemessene mittlere Energieverbrauch pro 100 km etwa 12,7 kWh/100 km.

Die mittlere Abweichung der aufgezeichneten zu den mittels Nissan CARWINGS ermittelten Fahrtdaten beträgt 1,3 %. Diese geringe Abweichung kann aufgrund von vorhandenen Messungenauigkeiten vernachlässigt werden. Aus der mittels Nissan CARWINGS durchgeführten Gegenüberstellung und den experimentell überprüften Werten der aufgezeichneten Fahrtdaten kann somit eine für die Anforderung zur Versuchsdurchführung für dieses Werk zufriedenstellende Verifizierung der gewonnenen Fahrtdaten erzielt werden.

3.3 Bewertung und Auswahl von Versuchsmaßnahmen

Die in Abschnitt 2.2 und 2.3 vorgestellten Maßnahmen zur Erhöhung der Reichweite eines BEV werden im Folgenden in Bezug auf ihre Umsetzbarkeit innerhalb dieses Werkes bewertet, um anschließend geeignete Versuchsmaßnahmen zu identifizieren. Neben den vorgestellten Maßnahmen werden auch eigene Ideen mit aufgeführt.

Bei der Bewertung der Maßnahmen werden in Bezug auf die Umsetzbarkeit einer Maßnahme Punkte von 1 bis 6, die den Schwierigkeitsgrad der Umsetzbarkeit darstellen, vergeben, wobei 1 „sehr einfach" und 6 „sehr schwer" ist. Der Schwierigkeitsgrad der Technik, der Zeit und der Kosten einer Maßnahme wird hierbei jeweils bewertet.

Die Summe der Punkte einer Maßnahme zeigt den gesamten Schwierigkeitsgrad der Umsetzbarkeit für diese Maßnahme. Eine Maßnahme mit der niedrigsten Gesamtpunktzahl ist im Rahmen dieses Werkes am praktikabelsten umsetzbar. Im Gegensatz dazu würde die Versuchsdurchführung einer Maßnahme mit einer hohen Gesamtpunktzahl den Rahmen dieses Werkes stark übersteigen. In der Spalte „Potenzial" wird ein aus der Literatur recherchierter erzielter Wert der Energieeinsparung (E) bzw. Reichweitenerhöhung (RW) einer Maßnahme aufgeführt.

3.3.1 Maßnahmen zum Thermomanagement

In Tabelle 2 werden die Maßnahmen zum Thermomanagement bewertet, um anschließend die im Rahmen dieses Werkes umsetzbaren Maßnahmen für die Versuchsdurchführung zum Thermomanagement zu identifizieren.

Tabelle 2:   Maßnahmenbewertung zum Thermomanagement

Maßnahme	Quelle	Potenzial	Umsetzbarkeit für dieses Werk 1 = sehr einfach, 6 = sehr schwer			
			Technik	Zeit	Kosten	**Gesamt**
Bedarfsgerechte & zonenweise Klimatisierung	[Cha2014, Kla2011]	< 20 % E	6	6	5	**17**
Isolation Karosserie & infrarotreflektierende Scheiben	[Suc2012, Wir2013]	< 30 % E	4	4	6	**14**
Effizienzsteigerung Klimaanlage	[San2014, Waw2014]	< 50 % E	4	5	4	**13**

Thermische Isolation Batterie & Batterie Klimatisierung/Vorkonditionierung	[Str2012, Suc2014, Weh2013]	< 5 % E	5	4	4	**13**
Wärmepumpe & zusätzliche thermische Kreisläufe	[Ack2013, Suc2014]	< 30 % E	4	4	2	**10**
Elektrische PTC Innenraumheizung	[Boh2013, Cap2013]	< 18 % E	3	3	3	**9**
Infrarotflächenheizer	[Ack2013, Suc2014]	?	2	2	2	**6**
Vorklimatisierung des BEV		?	1	2	1	**4**
Stoßlüften		?	1	1	1	**3**

Die in der Literatur recherchierten und in Abschnitt 2.2 beschriebenen Maßnahmen zeigen in der Tabelle Gesamtwerte der Schwierigkeit zur Umsetzbarkeit zwischen 3 und 17.

Das Stoßlüften sowie eine Vorklimatisierung des BEV zeigen eine vergleichsweise gute Umsetzbarkeit dieser Maßnahmen für dieses Werk. Eine Vorklimatisierung des BEV könnte sich besonders für Carsharing-Systeme technisch gut umsetzten lassen und dabei vergleichsweise gute Potenziale der Energieeinsparung während einer Fahrt aufzeigen.

Daher wird die mit hellgrau hervorgehobene Maßnahme zur Versuchsdurchführung ausgewählt. Eine Versuchsdurchführung zum Energieverbrauch des BEV beim Vorklimatisieren des Fahrzeuginnenraums sowie zu Möglichkeiten der Energieeinsparung während einer Fahrt durch diese Maßnahme ist im Rahmen dieses Werkes praktikabel umsetzbar und könnte vergleichsweise gute Potentiale für das Carsharing aufzeigen.

3.3.2 Maßnahmen zur Fahrerbeeinflussung

In Tabelle 3 werden die Maßnahmen zur Fahrerbeeinflussung bewertet. Anschließend werden hieraus die im Rahmen dieses Werkes umsetzbaren Maßnahmen für die Versuchsdurchführung zur Fahrerbeeinflussung identifiziert.

Tabelle 3: Maßnahmenbewertung zur Fahrerbeeinflussung

Maßnahme	Quelle	Potenzial	Umsetzbarkeit für dieses Werk 1 = einfach, 6 = sehr schwer			
			Technik	Zeit	Kosten	**Gesamt**
Live Monitoring & Eco-Scoring	[Agl2014, Fzi2014, Ope2014, SprO2014]]	< 10 % E < 36 % RW	6	6	4	**16**

Eco-Routing	[Con2012, Dem2012, FziG2014]	< 36 % E	5	5	3	**13**
Eco-Community	[Fia2014]	< 16 % E	3	5	3	**11**
Eco-Feedback	[Fia2014, Fra2013]	< 16 % E	3	5	3	**11**
Eigene App		?	4	5	1	**10**
Fahrtraining		?	2	3	3	**8**
Eco-Driving-Apps und Energieinformations-Anzeigen im BEV		?	1	2	1	**4**
Persönliche Information des Fahrers mit Feedbackgesprächen		?	1	1	1	**3**

Die hier zusammengeführten Maßnahmen, welche in Abschnitt 2.3 anhand der Literatur beschrieben sind, zeigen in der Tabelle Gesamtwerte der Schwierigkeit zur Umsetzbarkeit zwischen 3 und 16.

Eine persönliche Information des Fahrers mit Feedbackgesprächen und der Einsatz von Eco-Driving-Apps und Energieinformations-Anzeigen im BEV stellen zwei umsetzbare Maßnahmen für dieses Werk dar. Mittels einer persönlichen Information des Fahrers zum Eco-Driving sowie mittels Feedbackgesprächen sollte sich ein deutlich geringeres Potential der Energieoptimierung beim Fahren ergeben als beim Einsatz von Eco-Driving-Apps und Energieinformations-Anzeigen während der Fahrt. Beim Carsharing wären innovative Geschäftsmodelle denkbar, die mittels der Fahrerbeeinflussung mit Eco-Driving-Apps und Energieinformations-Anzeigen im BEV realisierbar wären.

Für die Versuchsdurchführung zur Fahrerbeeinflussung wird die mit hellgrau hervorgehobene Maßnahme ausgewählt. Ein Potenzial von Eco-Driving-Apps und von Energieinformations-Anzeigen im BEV zur Beeinflussung des Fahrstils und somit zur Energieoptimierung beim Fahren soll anhand der in diesem Buch durchgeführten Versuchsdurchführung abgeschätzt werden. Hieraus ableitbare innovative Geschäftsmodelle für eine Anwendung dieser Maßnahme in Carsharing-Systeme sollen ebenfalls vorgestellt werden.

3.4 Planung von Versuchsreihen

Dieser Abschnitt zeigt eine Übersicht der geplanten Versuchsreihen, die im Rahmen dieses Buches für die Testfahrten mit dem beschrieben BEV durchgeführt werden. Die Umgebungsbedingungen während einer Versuchsreihe sowie ein detaillierter Verlauf der Versuchsreihe werden bei der jeweiligen Auswertung in Kapitel 4 ebenfalls angegeben.

Versuchsreihe 1: Energieverbrauch der Heizung und der Klimaanlage
Das BEV wird im haltenden Zustand eingeschaltet. Ohne mit dem BEV zu fahren, werden die Energiekurven der Heizung und der Klimaanlage sowie der elektrischen Verbraucher im Fahrzeuginnenraum bei Volllast jeweils über einen definierten Zeitraum aufgezeichnet. Hieraus werden die Leistungs- sowie Verbrauchsverläufe dieser elektrischen
Verbraucher bei Volllast ermittelt. Die Versuchsdurchführung soll einen möglichst extremen Fall eines maximalen Energieverbrauchs der Heizung und der Klimaanlage bei den vorhandenen Umgebungsbedingungen darstellen.

Versuchsreihe 2: Energieverbrauch des BEV in Abhängigkeit von der Geschwindigkeit
Die Leistungsaufnahme des Antriebsmotors sowie der Energieverbrauch des BEV bei einer Fahrt innerorts sowie bei einer Fahrt auf einer Autobahn sollen gegenübergestellt werden. Hierfür wird auf einer nahezu gleichbleibenden Fahrstrecke das BEV ohne zusätzlich eingeschaltete elektrische Verbraucher ruhig und gleichmäßig von 0 auf 70 km/h beschleunigt. Des Weiteren wird das BEV auf einer möglichst gleichbleibenden Autobahn mit demselben Verfahren von 70 auf 140 km/h beschleunigt. Die aufgezeichneten Fahrtdaten beider Fahrten zeigen einen Energieverbrauch des BEV in Abhängigkeit von der momentanen Geschwindigkeit.

Versuchsreihe 3: Einfahrphase für Fahrten auf der Teststrecke
Für die Versuchsdurchführung soll ein möglichst vergleichbarer und gleichbleibender Fahrstil des Fahrers während einer Testfahrt erfüllt werden. Durch ein Eingewöhnen des Fahrers an das Testfahrzeug und die Teststrecke sollen anfänglich vorhanden Schwankungen eines Fahrstils überwurden werden. Um eine Einfahrphase für Fahrten auf der Teststrecke zu ermitteln, bei der sich ein neuer Fahrer an die Teststrecke gewöhnen kann, wird eine Testfahrt mit einem neuen Fahrer, der weder Erfahrung mit der Teststrecke noch mit BEV aufweist, auf der Teststrecke über eine definierte Anzahl an Runden durchgeführt. Auswertungen zur Gewohnheit, der Motivation und des Interesses des Fahrers zu einer Runde während der Fahrt werden anhand der aufgezeichneten Fahrtdaten dargestellt.

Versuchsreihe 4: Fahrstile beim Fahren auf der Teststrecke
Das BEV wird über eine definierte Anzahl an Runden von einem Fahrer auf der Teststrecke ohne eingeschaltete elektrische Verbraucher gefahren. Hierbei hält der Fahrer einen möglichst aggressiven und gleichbleibenden Fahrstil über die gesamte Anzahl an definierten Runden ein. Nach einer zeitlichen Pause wird die Teststrecke erneut über die definierte Anzahl an Runden gefahren, wobei der Fahrer bei dieser Testfahrt einen möglichst gleichbleibenden Eco-Fahrstil beibehält. Mit dieser Testfahrt werden Unterschiede der aufgezeichneten Fahrtdaten, insbesondere der Energieverbräuche, bei den beiden angewandten Fahrstilen aufgezeigt.

Versuchsreihe 5: Energieverbrauch des BEV beim Fahren auf der Teststrecke
Bei möglichst energieeffizienten und gleichbleibenden Fahrten werden die Fahrtdaten des BEV auf der Teststrecke über eine definierte Anzahl an Runden jeweils mit und ohne eingeschaltete elektrische Verbraucher bei Volllast im Fahrzeuginnenraum aufgezeichnet. Hieraus werden die Unterschiede zum Leistungsverlauf und zum Energieverbrauch dieser Fahrten auf der Teststrecke mit und ohne eingeschaltete elektrische Verbraucher bei Volllast beim BEV gegenübergestellt. Hier soll ebenfalls ein jeweils möglichst extremer Fall des maximalen Energieverbrauchs der Heizung und der Klimaanlage bei den vorhandenen Umgebungsbedingungen dargestellt werden.

Versuchsreihe 6: Vorklimatisierung des BEV
Im haltenden Zustand wird das BEV eingeschaltet und nicht gefahren, wobei die Leistungsaufnahmen sowie die Energieverbräuche der elektrischen Heizung und Klimaanlage des BEV aufgezeichnet werden. Dabei wird über einen definierten Zeitraum der Fahrzeuginnenraum des BEV von einem definierten Temperaturniveau auf ein definiertes Zieltemperaturniveau vorklimatisiert. Anschließend wird das BEV über denselben definierten Zeitraum auf dem definierten Temperaturniveau mittels einer fortschreitenden Klimatisierung gehalten. Dieses Vorklimatisieren und Halten des Temperaturniveaus im Fahrzeuginnenraum wird sowohl für das Heizen als auch für das Kühlen des BEV über eine definierte Anzahl an Vorgängen durchgeführt. Die aufgezeichneten Daten sollen eine Darstellung über das Potenzial einer Vorklimatisierung zur Energieeinsparung beim Klimatisieren des Fahrzeuginnenraums während einer Fahrt darstellen.

Versuchsreihe 7: Unterstützes Eco-Driving beim Fahren auf der Teststrecke
Das für die Versuchsdurchführung verwendete BEV verfügt über mehrere Energieinformationsanzeigen, welche als Unterstützung zur Entwicklung eines Eco-Fahrstils beim Fahrer eingesetzt werden. Des Weiteren werden während der Testfahrt auf einem Android-Tablet Beschleunigungsmesser-Apps als zusätzliche Eco-Driving-Unterstützung im Sichtbereich des Fahrers im Fahrzeuginnenraum angebracht. Die elektrischen Verbraucher im Fahrzeuginnenraum sind während der gesamten Testfahrt ausgeschaltet. Der Fahrer fährt mit dem BEV eine definierte Anzahl an Runden auf der Teststrecke mit dem Ziel, seine Energieeffizienz beim Fahren von Runde zu Runde anhand der Eco-Driving-Unterstützung sowie der Energieinformationsanzeigen zu verbessern. Mittels der aufgezeichneten Fahrtdaten wird diese Entwicklung der Energieeffizienz von Runde zu Runde aufgezeigt.

4 Auswertung

Dieses Kapitel behandelt die Auswertung der durchgeführten Versuchsreihen dieses Buches. Eine Planung dieser Versuchsreihen wurde im Abschnitt 3.4 beschrieben.

4.1 Energiekurven der elektrischen Verbraucher im Fahrzeuginnenraum

Elektrische Verbraucher zum Klimatisieren des Fahrzeugsinnenraums werden bei BEV in der Regel durch die Traktionsbatterie mit elektrischer Energie versorgt, weshalb sie sich durch ihren zusätzlichen Energiebedarf direkt auf die Reichweite eines BEV auswirken können.

Im Folgenden wird der Bedarf an elektrischer Energie durch die Heizung und die Klimaanlage sowie durch die Innenraumbelüftung und die Heckscheibenentfrostung des Fahrzeugs aufgezeigt, um einen maximalen und einen minimalen Energieverbrauch dieser Verbraucher für die Versuchsfahrten bei den vorhandenen Umgebungsbedingungen zu ermitteln.

Während der Versuchsdurchführung befindet sich das Fahrzeug eingeschaltet im Haltezustand und wird daher nicht gefahren. Es herrschen herbstliche Umgebungsbedingungen mit einer Außenlufttemperatur von ca. 12 °C. Die während des Haltezustands des BEV aufgezeichnete abgegebene Leistung der Traktionsbatterie gibt im Folgenden einen Aufschluss über die Leistungsaufnahme der eingeschalteten elektrischen Verbraucher. Es soll jeweils ein möglichst extremer Fall eines maximalen Energieverbrauchs der Heizung und der Klimaanlage bei den vorhandenen Umgebungsbedingungen dargestellt werden.

4.1.1 Heizung und Klimaanlage

Der Leistungsverlauf des haltenden BEV wird jeweils bei eingeschalteter Heizung sowie Klimaanlage bei Volllast über einen Zeitraum von 10 Minuten aufgezeichnet. Im Fahrzeug lässt sich eine gewünschte Zieltemperatur zum Klimatisieren des Innenraums zwischen 16 und 36 °C einstellen. Um eine möglichst hohe Leistungsaufnahme der elektrischen Verbraucher zu erzielen, wird beim Heizungsbetrieb eine Zieltemperatur von 36 °C und beim Klimaanlagenbetrieb eine Zieltemperatur von 16 °C eingestellt. Da ein hoher Volumenstrom, erzeugt durch die elektrische Innenraumlüftung, eine hohe Temperaturabgabe von der Heizung bzw. der Klimaanlage an die strömende Luft bewirken kann, wird die Innenraumlüftung bei eingeschalteter höchster Leistungsstufe (Stufe 7) betrieben.

Bild 13 stellt beide aufgezeichneten Leistungsverläufe über die Aufnahmezeit dar.

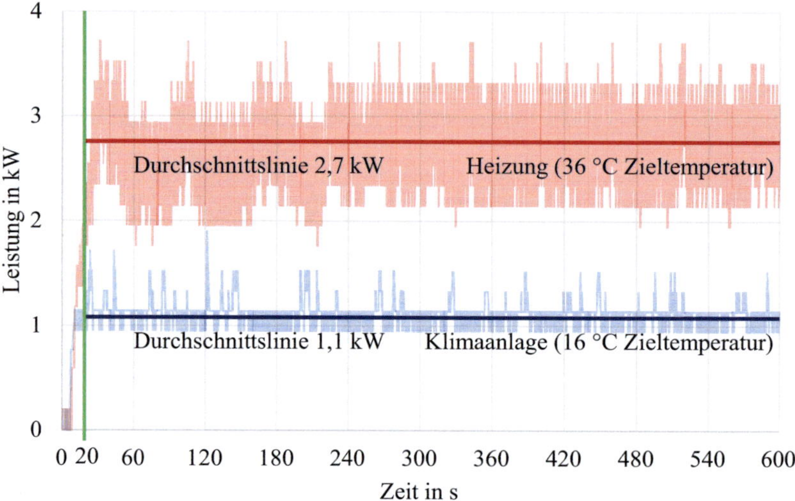

Bild 13: Gegenüberstellung des Leistungsverlaufs von der elektrischen Heizung und der Klimaanlage bei Volllast während 10 Minuten Aufnahmezeit

Mit transparentem Rot ist der Leistungsverlauf der Heizung und mit transparentem Blau der Leistungsverlauf der Klimaanlage dargestellt. Von 0 bis etwa 20 Sekunden (grüne Linie) steigt die Leistungsaufnahme von dem leicht schwankenden Bereich um 0 kW kontinuierlich bis zum Bereich der jeweiligen mittleren Leistungsaufnahme. Nach der Einlaufphase (grüne Linie) nimmt die Heizung eine mittlere Leistung von ca. 2,7 kW (dunkelrote Trendlinie) und die Klimaanlage eine mittlere Leistung von ca. 1,1 kW (dunkelblaue Trendlinie) auf. Die Heizung zeigt somit einen um 1,6 kW höheren durchschnittlichen Leistungsverlauf gegenüber der Klimaanlage.

Das vergleichsweise breite Schwingen zwischen 1,8 und 3,7 kW des roten Verlaufs ist typisch für eine übliche elektrische Fahrzeugheizung. An dem transparent blauen Verlauf, der im Bereich zwischen 0,9 und 1,9 kW schwingt, ist eine Überlagerung der Leistungsaufnahme der Klimaanlage mit der Leistungsaufnahme der typischen elektrischen Rückscheibenentfrostung zu erkennen.

Der während der Aufnahmezeit höhere Energiebedarf zum Beheizen des Innenraums ist in Bild 14 dem Energiebedarf zum Kühlen gegenübergestellt.

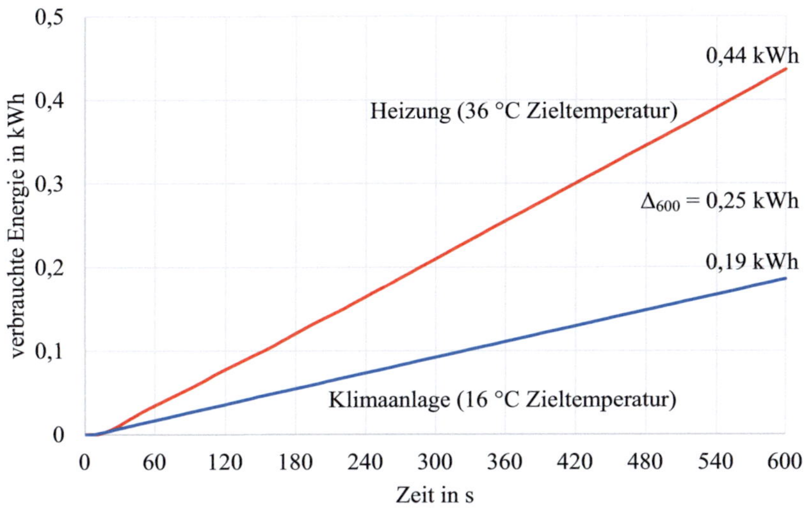

Bild 14: Gegenüberstellung des Energieverbrauchs von der elektrischen Heizung und der Klimaanlage bei Volllast während 10 Minuten Aufnahmezeit

Innerhalb der Aufnahmezeit ergibt sich sowohl für den roten Verlauf der Heizung als auch für den blauen Verlauf der Klimaanlage ein jeweils näherungsweise linearer Energieverbrauch. Nach 10 Minuten wird beim Heizen eine Energiemenge von ca. 0,44 kWh und beim Kühlen eine Energiemenge von ca. 0,19 kWh umgesetzt. Durch die Heizung wird zum Ende der Aufnahmezeit eine höhere Energiemenge von 0,25 kWh, was einen Unterschied von 132 % darstellt, im Vergleich zur Klimaanlage verbraucht. Der jeweils näherungsweise lineare Anstieg eines dargestellten Energieverbrauchs bestätigt eine gleichmäßige Funktion und Leistung beider Verbraucher während der Versuchsdurchführung.

Bezogen auf einen Energieverbrauch nach einer Stunde Laufzeit kann sich für das Heizen eine verbrauche Energiemenge von 2,64 kWh und für das Kühlen eine verbrauche Energiemenge von 1,14 kWh berechnen lassen. Die Heizung würde demnach 1,5 kWh mehr Energie als die Klimaanlage bei einer Stunde Laufzeit verbrauchen. Die berechneten Energieverbrauchswerte korrelieren mit den unter Bild 13 dargestellten durchschnittlichen Leistungswerten der Verbraucher.

Während einer experimentellen Fahrt konnte zuvor beim ruhigen und gleichmäßigen Beschleunigen des Fahrzeugs bei eingeschaltetem Eco-Modus von 0 bis auf 50 km/h, wobei die elektrischen Verbraucher des Fahrzeuginnenraums ausgeschaltet waren, ermittelt werden, dass der Antriebsmotor durchschnittlich eine Leistung von 6,7 kW von der Traktionsbatterie aufnimmt. Wird die elektrische Heizung bei Volllast während einer solchen Fahrt mit eingeschaltet, würde sich demnach die gesamte Leistungsaufnahme des BEV durchschnittlich um ca. 40 % von 6,7 auf 9,4 kW erhöhen. Das Einschalten der Klimaanlage bei Volllast würde hier eine Erhöhung der gesamten Leistungsaufnahme des BEV durchschnittlich um ca. 16 % von 6,7 auf 7,8 kW bewirken. Bei Fahrten mit einem stark ausgeprägten Eco-Fahrstil würde somit eine auffallende Reichweitenminderung des BEV direkt an der Reichweitenprognose wahrnehmbar sein, wenn besonders stark elektrisch geheizt wird. Da die durchschnittliche Leistungsaufnahme des Antriebsmotors mit einem zunehmenden aggressiven Fahrstil steigt, würde eine Reichweitenminderung durch zusätzlich eingeschaltete elektrische Verbraucher wie die Heizung bzw. die Klimaanlage mit steigendem aggressivem Fahrstil schwächer wahrgenommen werden.

Für den Zeitraum der Versuchsdurchführung während dieses Werkes wird als Ergebnis des Vergleichs zwischen der Leistungsaufnahme sowie dem Energieverbrauch der Klimaanlage und der Heizung festgelegt, dass für nachfolgende Versuchsfahrten mit eingeschalteten elektrischen Verbrauchern im Fahrzeuginnenraum bei Volllast die beschriebene Variante des Heizens mit einer eingestellten Zieltemperatur von 36 °C verwendet wird.

Die Versuchsdurchführung hat jeweils einen möglichst extremen Fall des maximalen Energieverbrauchs der Heizung und der Klimaanlage bei den vorhandenen Umgebungsbedingungen beim Versuchsfahrzeug aufgezeigt. Dieses Ergebnis kann sich für Versuchsfahrten unter veränderten Außenbedingungen und Lufttemperaturen ändern und sollte daher für spezielle Anwendungsfälle überprüft werden, da der Energieverbrauch der Klimaanlage bzw. der Heizung bei hoher bzw. geringer Außenlufttemperatur und -feuchtigkeit stark ansteigen kann.

4.1.2 Lüfter und Heckscheibenentfrostung

Zu den im vorhergehenden Abschnitt beschriebenen Umgebungsbedingungen wird über 10 Minuten Aufnahmezeit der Leistungsverlauf der eingeschalteten Lüftung mit maximaler Leistungsstufe (Stufe 7) zusammen mit der eingeschalteten Heckscheibenentfrostung aufgezeichnet. Das Versuchsfahrzeug befindet sich ebenfalls im eingeschalteten Haltezustand und wird nicht gefahren. Bild 15 zeigt diesen aufgezeichneten Verlauf.

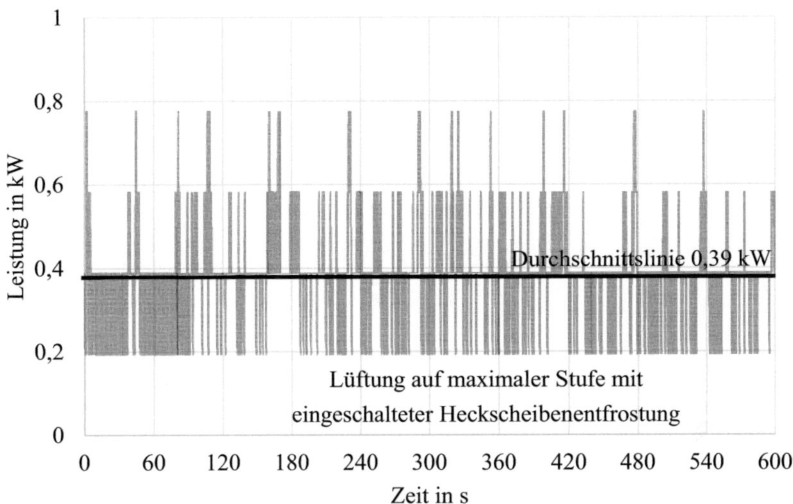

Bild 15: Leistungsverlauf der Lüftung mit eingeschalteter Heckscheibenentfrostung bei Volllast während 10 Minuten Aufnahmezeit

Beide Verbraucher erzeugen zusammen eine minimale Leistungsaufnahme von 0,19 kW, eine maximale Leistungsaufnahme von 0,78 kW und eine mittlere Leistungsaufnahme von 0,39 kW während der aufgezeichneten 10 Minuten. Die dargestellte Leistungsaufnahme ist verglichen mit der Leistungsaufnahme der Heizung und der Klimaanlage (vgl. Bild 13 auf S. 54) verhältnismäßig gering.

Der Anstieg des gemessenen Energieverbrauchs beider Verbraucher ist ebenfalls näherungsweise linear. Nach 10 Minuten Aufnahmezeit beträgt die gesamte verbrauchte Energiemenge 0,06 kWh. Bezogen auf eine Stunde Laufzeit kann sich somit eine verbrauchte Energiemenge von 0,36 kWh berechnet lassen.

Verglichen mit den Verläufen der Heizung und der Klimaanlage ist der hier ermittelte Verbrauch vergleichsweise gering, jedoch nicht vernachlässigbar klein.

Für Versuchsdurchführungen zur Darstellung eines möglichst hohen Energieverbrauchs der elektrischen Verbraucher im Fahrzeuginnenraum bei Volllast während dieses Werkes wird daher bei eingeschalteter Heizung mit der eingestellten Zieltemperatur von 36 °C die Lüftung bei Lüftungsstufe 7 und zusätzlich die Heckscheibenentfrostung eingeschaltet.

4.2 Energieverbrauch des BEV in Abhängigkeit von der momentanen Geschwindigkeit

Aufgrund physikalischer Widerstandskräfte beim Fahren, insbesondere der Strömungswiderstandskraft, ist der momentane Energiebedarf für die Translation eines Fahrzeugs abhängig von seiner momentanen Geschwindigkeit. Die Strömungswiderstandskraft F_W am fahrenden Fahrzeug kann aus der Stirnfläche A, dem Luftwiderstandsbeiwert c_W und der Geschwindigkeit v des Fahrzeuges sowie der Dichte D der Luft berechnet werden.

$$F_W = \frac{1}{2} \, A \, c_W \, D \, v^2 \quad \text{[Hak2013]}$$

Dieser Zusammenhang zeigt, dass die Strömungswiderstandskraft quadratisch mit der Geschwindigkeit beim Fahren zunimmt.

Im Folgenden sollen die Leistungsaufnahme des Antriebsmotors sowie der Energieverbrauch des BEV bei einer Fahrt innerorts sowie bei einer Fahrt auf einer Autobahn mit einem möglichst energieeffizienten Eco-Fahrstil aufgezeigt werden. Das Versuchsfahrzeug wird im eingeschalteten Eco-Modus und bei ausgeschalteten elektrischen Verbrauchern ruhig und gleichmäßig jeweils auf einer nahezu gleichbleibenden Fahrstrecke beschleunigt. Hierbei werden die Fahrtdaten aufgezeichnet.

Während der ersten Testfahrt beschleunigt der Fahrer das BEV innerorts von 0 auf 70 km/h manuell durch eine möglichst gleichmäßige Zunahme des Drückens auf das Gaspedal. Die zweite Testfahrt erfolgt auf einer nahezu gleichbleibenden Autobahnstrecke. Das BEV wird mittels der Geschwindigkeitsregelanlage des Fahrzeugs über zeitlich gleichmäßige Intervalle kontinuierlich von der momentanen Geschwindigkeit 70 km/h bis zur maximal erreichten Geschwindigkeit von 140 km/h beschleunigt.

Eine Gegenüberstellung der momentanen Batterieleistung und des momentanen Energieverbrauchs zur Fahrzeuggeschwindigkeit von 0 bis 140 km/h der aufgezeichneten Fahrten innerorts und auf der Autobahn während der Fahrzeiten ist in Bild 16 dargestellt. Die Zeitaufnahme bei der Fahrt innerorts beginnt mit der Einleitung einer Fahrzeuggeschwindigkeit um 0 km/h und endet unter 70 km/h. Während der Fahrt auf der Autobahn wird die Zeitaufnahme beim Überschreiten der Fahrzeuggeschwindigkeit von 70 km/h aufgenommen und beim Erreichen des Maximalen Wertes von 140 km/h beendet.

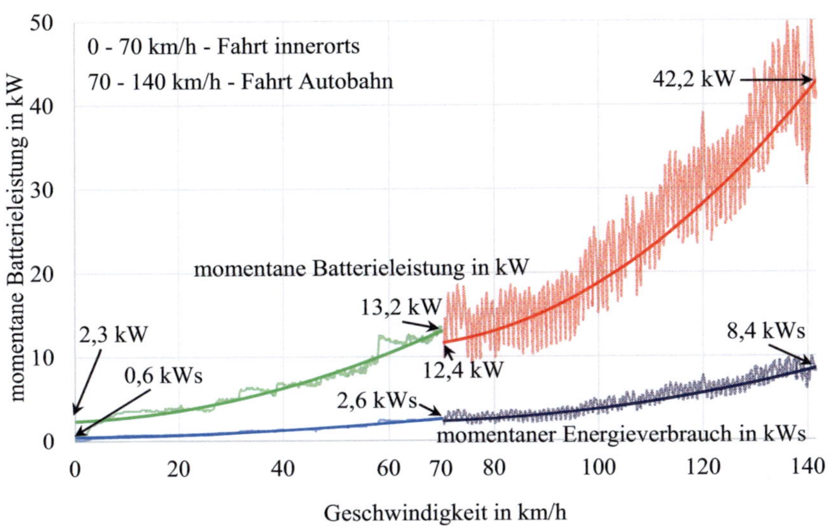

Bild 16: Gegenüberstellung der momentanen Batterieleistung und des momentanen Energieverbrauchs zur Fahrzeuggeschwindigkeit von 0 bis 140 km/h während beider Fahrzeiten

Der transparent grüne Verlauf ordnet die momentane abgegebene Batterieleistung einer momentanen Geschwindigkeit der Fahrt innerorts (Fahrt 1) zu. Mit Grün wird die gebildete Trendlinie der Batterieleistung von Fahrt 1 visualisiert. Die momentanen Energieverbrauchswerte von Fahrt 1 sind mit transparentem Blau und ihre Trendlinie mit Blau dargestellt. Für die Fahrt auf der Autobahn (Fahrt 2) werden die Werte der momentanen abgegebenen Batterieleistung mit transparentem Rot und ihre Trendlinie mit Rot abgebildet. Mit transparentem Dunkelblau bzw. Dunkelblau sind die Energieverbrauchswerte und ihre Trendlinie der Fahrt 2 dargestellt.

Zu der momentanen abgegebenen Batterieleistung ist der momentane aufgezeichnete Energieverbrauch des BEV während einer Geschwindigkeit abgebildet. Hierfür kann ein durchschnittlicher Umrechnungsfaktor von ca. 5 berechnet werden, was mit der durchgeführten Aufnahmefrequenz von 5 Hz übereinstimmt, da somit das Zeitintervall für den momentanen aufgezeichneten Energieverbrauch des BEV 0,2 Sekunden beträgt. Anhand dieser Gegenüberstellung kann infolgedessen ein bereinigter Vergleich zwischen Fahrten mit unterschiedlicher Durchschnittsgeschwindigkeit durch das Herausrechnen des Einflusses der Fahrgeschwindigkeit auf den Energieverbrauch des BEV in einem Zeitintervall durchgeführt werde.

Ein Sprung zwischen den Trendlinien der momentanen Batterieleistung bei 70 km/h von 13,2 auf 12,4 kW ist bedingt durch die Approximation der Trendlinien vorhanden. Für die Trendlinien des Energieverbrauchs ist dieser Sprung vernachlässigbar gering. Die

Leistungs- und Verbrauchswerte der Fahrt 2 schwanken auf und ab, da versuchsbedingt mittels der Geschwindigkeitsregelanlage das BEV beschleunigt wird. Hierbei findet ein ständiger Wechsel zwischen einem schlagartigen Anstieg bis zum Erreichen der Zielgeschwindigkeit und einer anschließend Abnahme der Leistung statt.

Zur Anfahrt (bei 0 km/h) wird eine Leistung von ca. 2,3 kW durch den Antriebsmotor aufgenommen, wodurch der momentane Energieverbrauch hierbei etwa 0,6 kWs beträgt. Bei einer Geschwindigkeit von 140 km/h wird eine momentane Leistung von 42,2 kW durch die Traktionsbatterie des BEV abgegebene und somit eine momentane Energiemenge von 8,4 kWs verarbeitet.

Da der Energieverbrauch mittels Integration aus der Batterieleistung ermittelt wird (vgl. Abschnitt 3.2), weisen die beiden approximierten Trendlinien denselben Typ auf. Sie sind jeweils quadratisch ansteigend, was aufgrund des quadratischen Zusammenhangs zwischen Strömungswiderstandskraft und Fahrgeschwindigkeit naheliegend ist. Daher ist auch der aufgezeichnete momentane Energieverbrauch während der maximal erreichten momentanen Geschwindigkeit von 140 km/h versuchsbedingt um den Faktor 3,2 höher ist als bei 70 km/h, obwohl die Geschwindigkeit um den Faktor 2 höher ist.

Für beide Fahrten werden jeweils Mittelwerte der Fahrtdaten berechnet, um einen Vergleich zwischen der Fahrt innerorts und auf der Autobahn darzustellen. Bild 17 zeigt eine Gegenüberstellung der gemittelten Fahrtdaten beider aufgezeichneten Fahrten mit den Geschwindigkeitsbereichen 0 bis 70 km/h (Fahrt 1) und 70 bis 140 km/h (Fahrt 2).

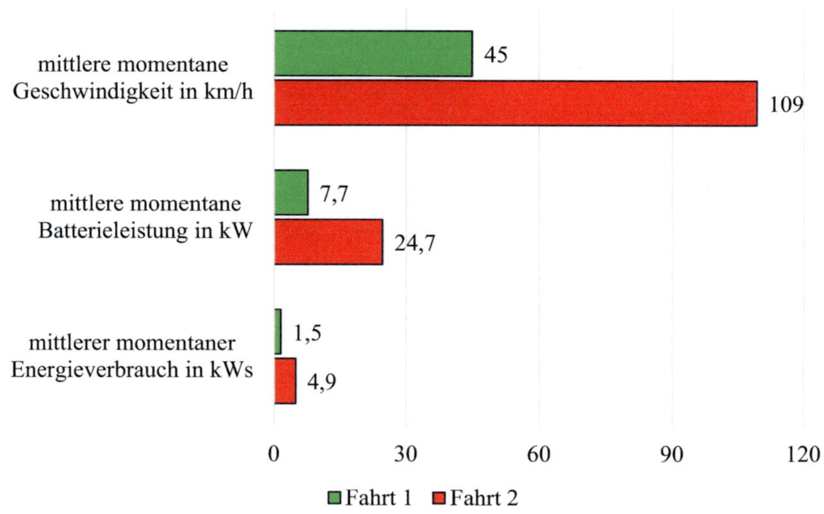

Bild 17: Gegenüberstellung der gemittelten Fahrtdaten beider aufgezeichneter Fahrten mit den Geschwindigkeitsbereichen 0 bis 70 km/h (Fahrt 1) und 70 bis 140 km/h (Fahrt 2)

Ein Vergleich beider Fahrten zeigt, dass die abgegebene Leistung der Traktionsbatterie und somit der Energieverbrauch während der geringeren Geschwindigkeiten, die gewöhnlich innerorts gefahren werden, verglichen mit der abgegebenen Leistung der Traktionsbatterie und dem Energieverbrauch bei hohen Geschwindigkeiten, die üblicherweise außerorts und auf Autobahnen gefahren werden, deutlich geringer ist. Gemittelt über die erste Fahrt werden während einer momentanen Geschwindigkeit von 45 km/h eine Leistung von 7,7 kW und ein momentaner Energieverbrauch von 1,5 kWs umgesetzt. Während der zweiten Fahrt werden im Mittel eine momentane Geschwindigkeit von 109 km/h, eine Leistung von 24,7 kW und ein momentaner Energieverbrauch von 4,9 kWs erreicht.

Mittels Division des gemittelten Energieverbrauchs durch die mittlere Geschwindigkeit einer Fahrt ergeben sich für die Fahrten folgende Vergleichswerte.

$$\text{Für Fahrt 1: } \frac{1{,}5 \text{ kWs}}{45 \text{ km/h}} = 0{,}03 \ \frac{\text{kWs}}{\text{km/h}} \quad \text{und für Fahrt 2: } \frac{4{,}9 \text{ kWs}}{109 \text{ km/h}} = 0{,}04 \ \frac{\text{kWs}}{\text{km/h}}$$

Die Differenz beider Vergleichswerte zeigt, dass bezogen auf eine gleiche Geschwindigkeit und somit dieselbe zurückgelegte Strecke in einem Zeitintervall von 0,2 Sekunden mit der Fahrt auf der Autobahn ca. 33 % mehr elektrische Energie zum Antrieb des BEV verbraucht wird. Anhand der jeweiligen durchschnittlichen Geschwindigkeit kann ein 4,8-fach höherer relativer Unterschied der Strömungswiderstandskraft zwischen den beiden Fahrten berechnet werden, wodurch der höhere Energieverbrauch während der aufgezeichneten Fahrt auf der Autobahn verdeutlicht wird.

Da die mitgeführte Energiemenge beim BEV im Vergleich zu einem konventionellen Fahrzeug mit Verbrennungsmotor wesentlich geringer ist, wirkt sich der höhere Energiebedarf bei hohen Fahrgeschwindigkeiten deutlich stärker auf die vergleichsweise geringere Reichweite des BEV aus. Bei einem energiebewussten Fahrstil sollten demnach Autobahnfahrten mit hohen Fahrgeschwindigkeiten vermieden werden. Besonders bei zu geringem oder ungenügendem Ladezustand der Batterie zum Erreichen eines Zielortes sollte ein Assistenzsystem wie beispielsweise eine Eco-Driving-App oder der Fahrer selbst den höheren Energiebedarf während hoher Fahrgeschwindigkeiten und einer damit verbundenen geringeren Reichweite des BEV beachten.

4.3   Einfahrphase für Fahrten auf der Teststrecke

Vor einer Testfahrt auf der Teststrecke, die zur Auswertung aufgezeichnet werden soll, kann es sinnvoll sein, dem Fahrer eine Einfahrphase zu ermöglichen, damit sich dieser an die Teststrecke gewöhnen und somit während der eigentlichen Testfahrt seinen gewohnten Fahrstil auf der bekannten Fahrstrecke gleichbleibend ausüben kann. In diesem Abschnitt soll eine Ermittlung der minimalen sowie maximalen Anzahl an gefahrenen Runden der Teststrecke als Einfahrphase für einen Fahrer durchgeführt werden.

Hierfür fährt ein neuer Fahrer, der keine Erfahrung mit BEV hat und die Teststrecke nicht kennt, die Teststrecke über 10 Runden. Während der ersten Runden informiert ein Beifahrer den Fahrer über notwendige Abbiegemanöver zum Streckenverlauf. Das Verkehrsaufkommen ist während der 10 Runden vergleichsweise sehr gering und daher über die Rundenzahl sehr ähnlich. Der Nissan Leaf wird im Eco-Modus sowie in Gangstufe B (starke Rekuperation) mit ausgeschalteten elektrischen Innenraumverbrauchern gefahren.

Bild 18 zeigt den aufgezeichneten Geschwindigkeitsverlauf der 10 Runden Teststrecke des neuen Fahrers. Bei Rundenende wird das Fahrzeug kurzzeitig zum vollständigen Stillstand gebracht. Durchschnittlich beträgt die gefahrene Rundenzeit ca. 163 Sekunden.

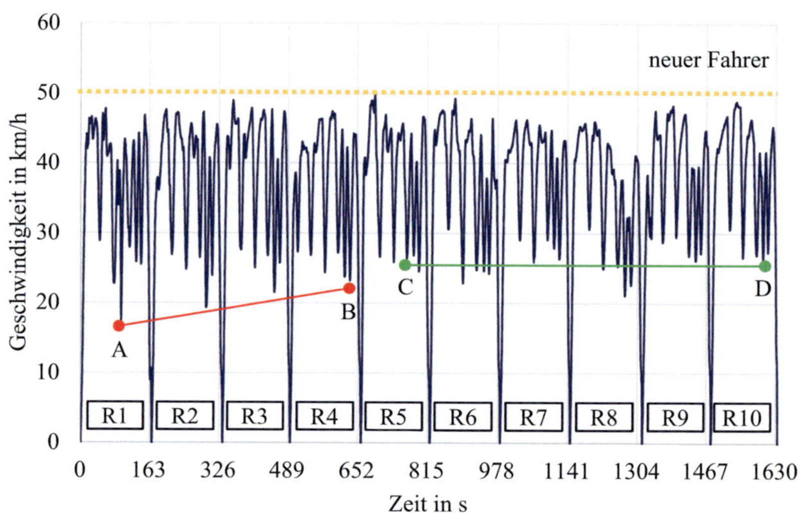

Bild 18: Geschwindigkeitsverlauf eines neuen Fahrers über 10 Runden Teststrecke

Mit R1 bis R10 sind die Bereiche der Runden 1 bis 10 dargestellt. Die orange gestrichelte Line bei 50 km/h markiert die maximal zulässige Geschwindigkeit der gesamten Teststrecke. Über die gefahrenen 10 Runden sind jeweils 5 Abbremssituationen aufgrund von Abbiegungen und Kurven der Teststrecke sowie das Abbremsen zum Stillstand des BEV am Ende einer Runde deutlich zu erkennen (vgl. hierzu Fahrstrecke in Bild 11 auf S. 43).

Zwischen den Punkten A und B im Bild deutet die rote Linie einen Trend des Anstiegs der geringsten Geschwindigkeit einer Runde von Runde 1 zu 4 an. Ab Runde 5 scheint sich der Verlauf der geringsten Geschwindigkeit einer Runde einzupendeln, was die grüne Linie von Punkt C nach Punkt D andeutet.

Runden 8, 9 und 10 zeigen bereits einen stärkeren Unterschied zu den vorhergehenden Runden an, was durch ein gelangweiltes Fahrverhalten des Fahrers erklärt werden könnte. Dies würde neben der Notwendigkeit einer minimalen Anzahl an Runden eine Notwendigkeit der Beschränkung der maximalen Anzahl an Runden für eine Einfahrphase bekräftigen, da der Fahrer ab einer gewissen Anzahl an Runden bereits anfangen könnte, seinen Fahrstil aufgrund von Langeweile zu verändern. Für die eigentlichen Testfahrten wäre hierdurch eine maximale Rundenanzahl aufgrund der Konzentration und des geweckten Interesses des Fahrers ebenfalls sinnvoll.

Für eine Runde wird jeweils der Rundenmittelwert der Batterieleistung sowie des Energieverbrauchs pro 100 km berechnet. Anschließend wird für die Batterieleistung und den Energieverbrauch der Gesamtmittelwert über die 10 Runden bestimmt. Die jeweilige Differenz aus einem Rundenmittelwert zum Gesamtmittelwert der Batterieleistung sowie des Energieverbrauchs zeigt die Abweichung dieses Kennwerts während einer gefahrenen Runde zu den gesamten 10 Runden auf.

Eine detaillierte Auswertung des Fahrstils über die 10 Runden zeigt Bild 19 anhand der relativen Abweichungen der mittleren Batterieleistung sowie des Verbrauchs pro Runde zum jeweiligen Gesamtmittelwert. Dunkelrote Punkte ordnen einer jeweiligen Runde die relative Abweichung des Mittelwerts der Batterieleistung von ihrem Gesamtmittelwert. Mit hellgrünen Rechtecken sind die relativen Abweichungen des Energieverbrauchs einer Runde gegenübergestellt. Ein Wert im positiven Bereich gibt an, dass dieser Wert höher als der Gesamtmittelwert über die 10 Runden ist. Werte im negativen Bereich geben demnach an, dass sie im Vergleich zum Gesamtmittelwert besser sind, da in diesem Fall weniger Energie verbraucht wird.

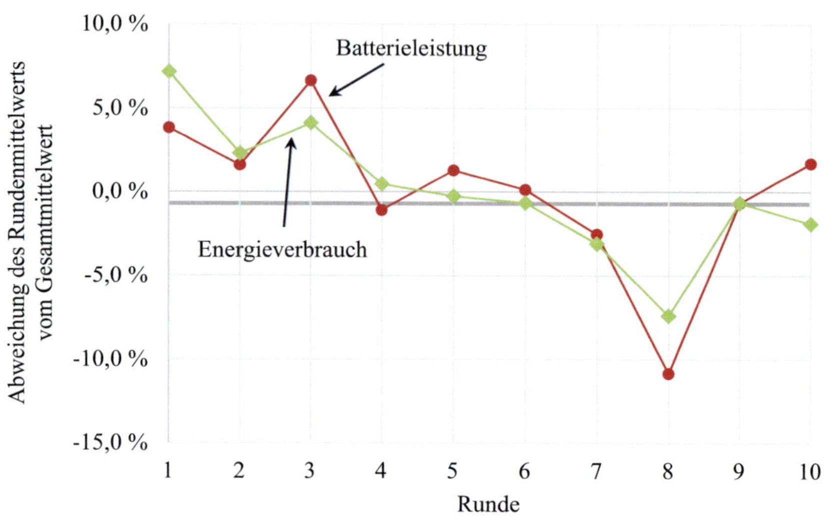

Bild 19: Abweichungen der mittleren Batterieleistung sowie des Verbrauchs pro Runde zum jeweiligen Gesamtmittelwert über 10 Runden Teststrecke eines neuen Fahrers

Im Bereich Runde 1 bis 4 schwanken die Werte von Runde zu Runde auf und ab. In diesem Bereich kann die minimale Gewöhnungsphase des Fahrers an die Teststrecke identifiziert werden. Ab der 5. Runde verbessert der Fahrer kontinuierlich seinen Energieverbrauch bis zur 8. Runde. Dies kann damit erklärt werden, dass, nachdem der Fahrer sich an die Teststrecke gewöhnen konnte, er wahrscheinlich damit anfängt seinen Fahrstil energetisch von Runde zu Runde zu optimieren. Bereits ab Runde 9 fällt dieses Verhalten ab, was mit einer Abnahme des Interesses und der Konzentration des Fahrers erklärt werden könnte. Die Batterieleistung ist während der Runden 4, 7, 8 und 9 vergleichsweise besser als bei den anderen Runden, da sie jeweils geringer als der gesamte Mittelwert der Batterieleistung ist. Der Energieverbrauch einer Runde ist von Runde 5 bis 10 jeweils geringer als der Gesamtmittelwert.

Mit steigender Rundenanzahl gewöhnt sich der Fahrer kontinuierlich an die Teststrecke und kann somit die Energieeffizienz von Runde zu Runde erhöhen, solange sein Interesse und seine Motivation dazu ausreichend vorhanden sind. Einem Desinteresse durch Langeweile bzw. einer Demotivation mit zunehmender Rundenzahl könnte mittels visualisierender Unterstützung zum Eco-Driving wie Anzeigen mit momentanen Energieinformationen des BEV und Apps im Sichtbereich des Fahrers entgegen gewirkt werden.

Bild 20 zeigt die Abweichungen der mittleren Geschwindigkeit pro Runde sowie der Rundenzeit zum jeweiligen Gesamtmittelwert über 10 Runden Teststrecke des neuen Fahrers.

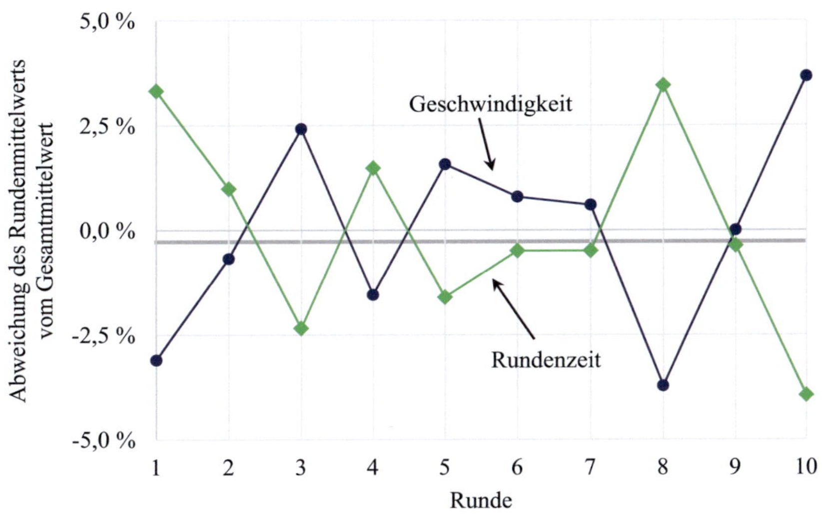

Bild 20: Abweichungen der mittleren Geschwindigkeit pro Runde sowie der Rundenzeit zum jeweiligen Gesamtmittelwert über 10 Runden Teststrecke eines neuen Fahrers

Mit grünen Rechtecken sind die Abweichungen der Rundenzeit und mit dunkelblauen Punkten die Abweichungen der Geschwindigkeit einer Runde zugeordnet. Beide Linien verlaufen gegenläufig, da sich mit einer Verminderung der durchschnittlichen Rundengeschwindigkeit folglich die Rundenzeit erhöht. Von Runde 1 bis 3 steigen die dunkelblauen Punkte sowie sinken die grünen Rechtecke, was eine Aussage über die Gewöhnung des Fahrers an die Teststrecke von Runde zu Runde sein kann. Zu Beginn der Testfahrt gewöhnt sich der Fahrer an die Eigenschaften der Teststrecke, wodurch sich die Rundenzeit von Runde 1 bis 3 kontinuierlich verbessert und somit die mittlere Rundengeschwindigkeit ebenfalls ansteigt. Hier ist die bereits beschriebene mindestens benötigte Gewöhnungszeit eines neuen Fahrers an die Teststrecke ebenfalls zu erkennen. Anschließend scheint es, als würde der Fahrer mit seiner entwickelten Sicherheit an die Teststrecke einen experimentierfreudigen Fahrstil ausüben, da die Werte von Runde 4 zu 5 über- und unterhalb der Durchschnittslinie schwanken.

Bei den Runden 6 bis 8 ist, wie in Bild 19 ebenfalls dargestellt, wieder eine kontinuierliche Verbesserung der Werte zu beobachten. In diesem Bereich kann der Fahrer seine Eigenmotivation zur Optimierung seines Fahrstils auf der Teststrecke nutzen, um von Runde zu Runde eine bessere Energieeffizienz zu erreichen, was hier mit der Abnahme der mittleren Rundengeschwindigkeit bzw. der Zunahme der Rundenzeit dargestellt wird, da die mittlere Rundengeschwindigkeit beim ruhigen und gleichmäßigen Beschleunigen des BEV im Vergleich mit einem aggressiven Beschleunigen sinkt und sich folglich die Rundenzeit damit erhöht.

Während der Runden 9 und 10 ändert sich dieser Verlauf entgegengesetzt. Die mittlere Rundengeschwindigkeit steigt und die Rundenzeit sinkt jeweils bei Runde 9 und 10. Hier kann der Bereich, ebenfalls wie in Bild 19 dargestellt, identifiziert werden, in dem die Motivation bzw. das Interesses des Fahrers zur Steigerung der Energieeffizienz schwindet, was durch unterstützende Maßnahmen zum Eco-Driving kompensiert oder ganz vermieden werden könnte.

In diesem Abschnitt wurde aufgrund des zeitlichen Rahmens dieses Werkes eine Testfahrt mit einem neuen Testfahrer aufgezeichnet, weshalb zwar Aussagen zu der durchgeführten Testfahrten getroffen werden können, diese jedoch nicht statistisch übertragbar sind und daher nur die dargestellte Versuchsaufnahme beschreiben. Eine statistisch hinreichende Erhöhung der Stichprobe bei zukünftigen Untersuchungen durch die Aufnahme von Testfahrten mit mehreren neuen Fahrern würde signifikante Trendabschätzungen der dargestellten Verläufe erlauben.

Für die weitere Versuchsdurchführung ohne unterstütztes Eco-Driving während dieses Werkes soll eine Einfahrphase für den Fahrer von maximal 3 Runden zur Gewöhnung an die Teststrecke angenommen und eingehalten werden. Nach der Einfahrphase und nach einer zeitlichen Pause soll eine Testfahrt zur Versuchsdurchführung maximal über 5 Runden aufgezeichnet werden, da bereits bei fortschreitender Rundenanzahl das Interesse und die Motivation des Fahrers abnehmen können und sich somit sein Fahrstil verändern kann.

4.4   Fahrstile beim Fahren auf der Teststrecke

Die beiden konträren Fahrstile, aggressiver Fahrstil und Eco-Fahrstil, sollen im Folgenden anhand der aufgezeichneten Fahrtdaten zweier durchgeführter Fahrten auf der Teststrecke mit einem Fahrer aufgezeigt und verglichen werden.

Hierfür werden nach einer Einlaufphase von 3 Runden auf der Teststrecke jeweils 5 Runden mit einem aggressiven und anschließend einem Eco-Fahrstil gefahren und die Fahrtdaten des BEV aufgezeichnet. Zwischen den zwei Testfahrten erfolgt eine zeitlich ausreichende Erholungspause für den Fahrer. Beide Fahrstile werden im Eco-Modus des BEV sowie in der Gangstellung B (starke Rekuperation) gefahren, um eine möglichst ähnliche Reaktion des BEV auf die Aktionen des Fahrers auf das Gaspedal zu erreichen. Die zwei Fahrten werden von einem Fahrer durchgeführt, der eine möglichst starke und gleichbleibende Ausprägung des jeweiligen Fahrstils zu einer Fahrt ausübt. Es wird ohne eingeschaltete elektrische Verbraucher gefahren.

4.4.1 Aggressiver Fahrstil

Charakteristisch für den aggressiven Fahrstil sind das abrupte Beschleunigen bis zur maximal zulässigen Geschwindigkeit der Fahrstrecke sowie das möglichst späte und starke Abbremsen vor Kurven und Haltesituationen.

Bild 21 zeigt den Geschwindigkeitsverlauf über 5 Runden der gefahrenen Teststrecke mit einem aggressiven Fahrstil. Die maximal zulässige Geschwindigkeit der Strecke von 50 km/h ist mit einer gestrichelten orangen Linie im Diagramm gekennzeichnet.

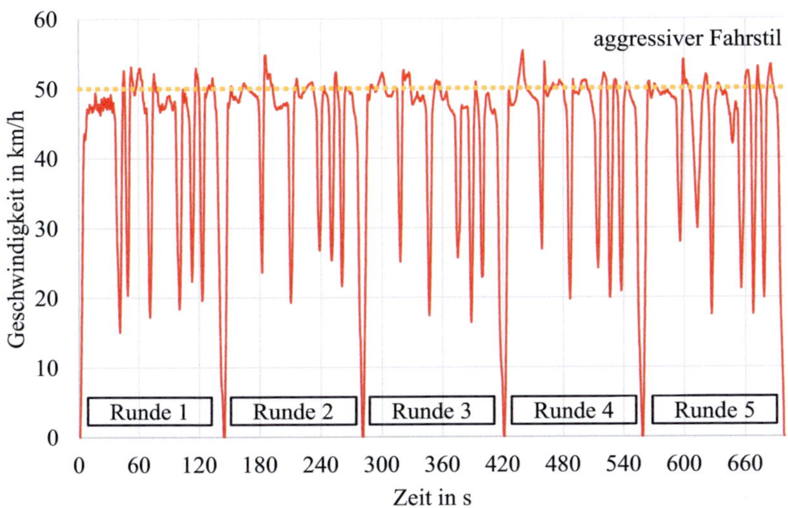

Bild 21: Geschwindigkeitsverlauf über 5 Runden Teststrecke mit aggressivem Fahrstil

Runden 2, 3 und 4 zeigen einen sehr ähnlichen Geschwindigkeitsverlauf. Zu Beginn einer Runde wird schnell die orange Linie erreicht. Es gibt 5 Abbremssituationen aufgrund von Abbiegevorgängen und Kurven sowie das Abbremsen zum Stillstand des BEV am Ende einer Runde (vgl. Fahrstrecke in Bild 11 auf S. 43). Über die gefahrenen 5 Runden kann in jedem Streckenabschnitt die maximal zulässige Geschwindigkeit (orange Linie) schnell erreicht und gehalten werden. Beim Überschreiten der orangen Linie wird die Beschleunigung des BEV zurückgenommen. Die gesamte Fahrzeit beim aggressiven Fahren über 5 Runden beträgt 11 Minuten und 33 Sekunden.

4.4.2 Eco-Fahrstil

Beim Eco-Fahrstil wird gleichmäßig und ruhig beschleunigt sowie abgebremst. Hierdurch wird nicht unbedingt in jedem Streckenabschnitt die maximal zulässige Geschwindigkeit erreicht.

Dieses für den Eco-Fahrstil typische Muster ist in Bild 22 beim Geschwindigkeitsverlauf der gefahrenen Teststrecke über 5 Runden mit einem Eco-Fahrstil zu erkennen.

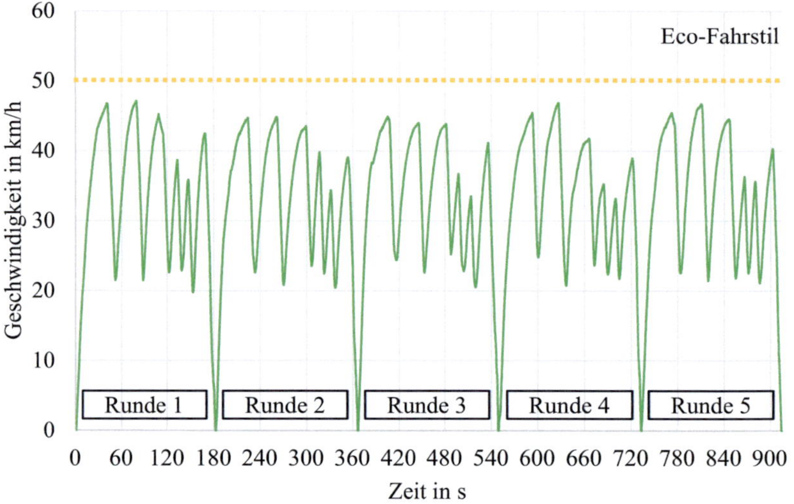

Bild 22: Geschwindigkeitsverlauf über 5 Runden Teststrecke mit Eco-Fahrstil

Tatsächlich wird in keiner Runde die maximale zulässige Geschwindigkeit (orange Linie) erreicht. In einem Streckenabschnitt wird gleichmäßig beschleunigt bis dieser Streckenabschnitt endet und somit ein gleichmäßiges Abbremsen einsetzt. Alle 5 Runden zeigen einen vergleichsweise sehr ähnlichen Geschwindigkeitsverlauf. Beim Fahren mit dem Eco-Fahrstil über 5 Runden beträgt die gesamte Fahrzeit 15 Minuten und 8 Sekunden.

4.4.3 Vergleich zwischen aggressivem Fahrstil und Eco-Fahrstil

In diesem Abschnitt folgt eine Gegenüberstellung des aggressiven und des Eco-Fahrstils aus den beiden vorherigen Abschnitten. Die aus den aufgezeichneten Fahrtdaten gewonnenen durchschnittlichen Kennwerte beider Fahrstile werden in Bild 23 gemittelt pro Runde gegenübergestellt.

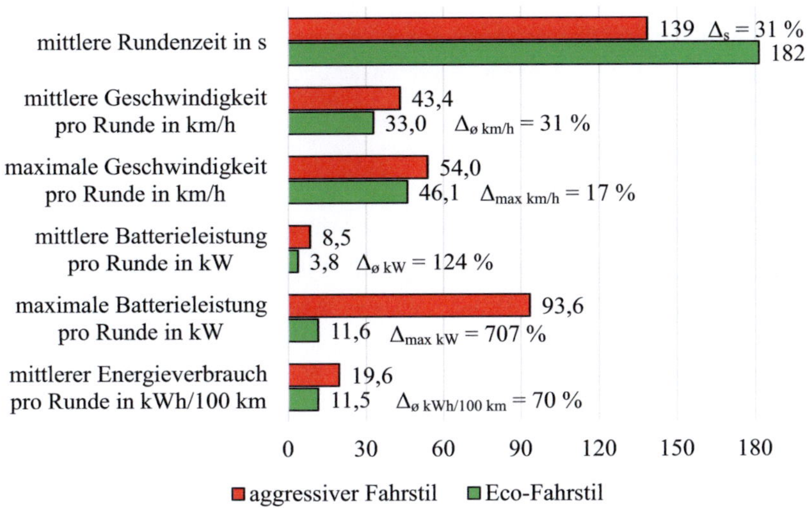

Bild 23: Gegenüberstellung der durchschnittlichen Kennwerte beider Fahrstile gemittelt pro Runde

Im Durchschnitt ist die Rundenzeit beim Eco-Fahrstil um ca. 31 % höher als beim aggressiven Fahrstil. Wie bereits dargestellt, ist bei der Eco-Fahrt gemittelt pro Runde eine maximale Geschwindigkeit von 46,1 km/h im Streckenbereich mit einer zulässigen maximalen Geschwindigkeit von 50 km/h erreicht worden. Während der aggressiven Fahrt wird mit einer mittleren Maximalgeschwindigkeit von 54 km/h, die im Vergleich zur Eco-Fahrt 17 % höher ist, die 50 km/h Richtlinie leicht überschritten. Durchschnittlich fährt das BEV beim aggressiven Fahren ca. 31 % schneller als beim Eco-Fahren, was mit der durchschnittlichen Rundenzeit korreliert.

Die aufgebrachte mittlere elektrische Leistung der Traktionsbatterie beim aggressiven Fahrstil ist jedoch um etwa 124 % höher als beim Eco-Fahrstil. Die Energierückgewinnung mittels der Rekuperation mit eingeschlossen wird somit pro Runde durch den aggressiven Fahrstil ca. 70 % mehr elektrische Energie für die Fahrstrecke verbraucht als beim Eco-Fahrstil.

Mit dem aggressiven Fahrstil wird durchschnittlich eine Rekuperationsleistung von 10,5 kW erzielt. Die durchschnittliche Rekuperationsleistung mit dem Eco-Fahrstil beträgt 7,9 kW und ist somit im Vergleich um 33% geringer. Eine vergleichsweise zum Eco-Fahrstil höhere Rekuperationsleistung beim aggressiven Fahrstil ist aufgrund des möglichst abrupten sowie starken Bremsens und der im Vergleich höheren Durchschnittsgeschwindigkeit zu erwarten. Jedoch wird beim abrupten Bremsen ein Anteil der kinetischen Energie beim Überschreiten der maximalen Rekuperationsleistung durch die mechanischen Bremsen in Wärme umgesetzt und somit verbraucht, ohne rekuperiert zu werden. Da die Beschleunigung bei BEV während des Geschwindigkeitsniveaus bei der Testfahrt direkt von der momentanen Leistung der Traktionsbatterie abhängig ist, wird in der Darstellung auf einen separaten Vergleich der Beschleunigung verzichtet.

Bezogen auf die Batterielebensdauer sowie die Batterietemperatur müsste die chemische sowie thermische Belastung der Batterie beim aggressiven Fahrstil um ein Vielfaches höher sein, da die maximale Batterieleistung in Spitzen gemittelt pro Runde beim aggressiven Fahrstil 7-fach höher ist als beim Eco-Fahrstil.

Ein bereinigter Vergleich, bezogen auf eine gleiche Geschwindigkeit und somit dieselbe zurückgelegte Strecke in einem Zeitintervall, wird mittels Division des durchschnittlichen Energieverbrauchs pro 100 km durch die durchschnittliche Geschwindigkeit der Fahrten im Folgenden berechnet.

Für die Fahrt mit einem aggressiven Fahrstil: $\dfrac{19{,}6 \text{ kWh/100 km}}{43{,}4 \text{ km/h}} = 0{,}45 \dfrac{\text{kWh/100 km}}{\text{km/h}}$

und für die Fahrt mit einem Eco-Fahrstil: $\dfrac{11{,}5 \text{ kWh/100 km}}{33 \text{ km/h}} = 0{,}35 \dfrac{\text{kWh/100 km}}{\text{km/h}}$

Die relative Differenz beider bereinigter Vergleichswerte liegt bei 29 %. Bewirkt durch den energetischen Unterschied zwischen dem aggressiven Fahrstil und dem Eco-Fahrstil bei der Testfahrt kann somit eine Energieoptimierung und eine damit verbundene Reichweitenerhöhung des BEV um 29 % erzielt werden.

Abhängig von der Motivation und dem Interesse eines Fahrers zum energieeffizienten Fahren könnte eine Fahrzeiterhöhung durch den Eco-Fahrstil vom Fahrer toleriert werden, solange eine damit verbundene Energieeinsparung und somit eine Reichweitenerhöhung des BEV wahrgenommen werden können. Dies könnte mit gezielten Informationsanzeigen im Fahrzeug sowie Eco-Driving-Applikationen unterstützt werden.

4.5 Energieverbrauch des BEV beim Fahren auf der Teststrecke

Zwei Testfahrten werden auf der Teststrecke bei herbstlichen Umgebungsbedingungen und einer Außenlufttemperatur von ca. 12 °C mit demselben Fahrer durchgeführt. Bei beiden Fahrten wird der Eco-Modus des BEV eingeschaltet und in der Gangstufe B gefahren. Der Fahrer versucht die Teststrecke mit einem möglichst gut ausgeprägten und gleichbleibenden Eco-Fahrstil zu fahren.

Über 5 Runden Teststrecke wird eine Fahrt aufgezeichnet, wobei die elektrische Heizung bei Volllast und einer eingestellten Zieltemperatur von 36 °C eingeschaltet ist. Die Innenraumlüftung läuft dabei mit der maximal einstellbaren Lüftungsstufe 7. Ebenfalls wird die elektrische Heckscheibenentfrostung eingeschaltet. Ein möglicher Leistungsverlauf der elektrischen Verbraucher mit diesen Einstellungen konnte in Abschnitt 4.1 bereits während des Haltezustands des BEV aufgezeigt werden. Die hier durchgeführte

70

Fahrt stellt einen möglichst extremen Fall eines maximalen Energieverbrauchs des auf der Teststrecke fahrenden BEV mit eingeschalteten elektrischen Verbrauchern im Innenraum des Fahrzeugs bei Volllast.

Anschließend wird eine weitere Testfahrt ebenfalls über 5 Runden aufgezeichnet, wobei sämtliche elektrische Verbraucher im Fahrzeuginnenraum des BEV ausgeschaltet sind. Hierdurch wird der Energieverbrauch des auf der Teststrecke fahrenden BEV ohne eingeschaltete elektrische Verbraucher zur Gegenüberstellung mit der Fahrt mit eingeschalteten elektrischen Verbrauchern darstellt.

In Bild 24 ist eine Gegenüberstellung der verbrauchten Energiemengen der Fahrten jeweils mit und ohne eingeschaltete elektrische Verbraucher über 5 Runden Teststrecke dargestellt. Anhand der vorhandenen Fahrtdaten beider Fahrten kann ein sehr energieeffizienter und stabiler Eco-Fahrstil des Fahrers über die ausgewerteten Runden festgestellt werden. Die mittlere Rundenzeit beträgt hierbei etwa 168 Sekunden.

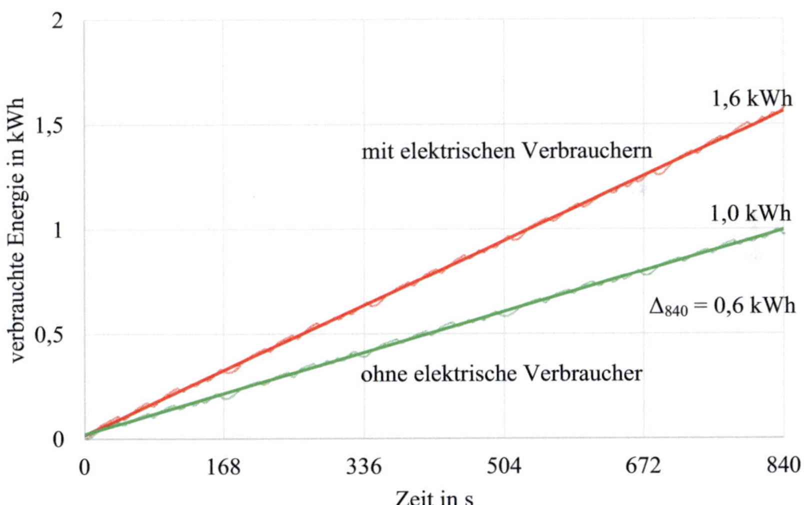

Bild 24: Gegenüberstellung der verbrauchten Energiemengen der Fahrten jeweils mit und ohne eingeschaltete elektrische Verbraucher über 5 Runden Teststrecke

Die verbrauchte Energiemenge in kWh über die Fahrzeit ist für die Fahrt mit eingeschalteten elektrischen Verbrauchern mit transparentem Rot und ihre Trendlinie mit Rot abgebildet. Für die Fahrt ohne elektrische Verbraucher wird der Energieverbrauch mit transparentem Grün und ihre Trendlinie mit Grün dargestellt. Zum Ende der Runde 5 wird ohne elektrische Verbraucher eine Energiemenge von 1 kWh verbraucht. Mit eingeschalteten elektrischen Verbrauchern ist die verbrauchte Energiemenge nach Runde 5 über 60 % höher und beträgt somit 1,6 kWh. Durch die elektrischen Verbraucher wird nach 14 Minuten Fahrzeit eine höhere Energiemenge von 0,6 kWh umgesetzt.

Bild 25 zeigt einen detaillierten Vergleich beider Fahrten jeweils mit und ohne eingeschaltete elektrische Verbraucher.

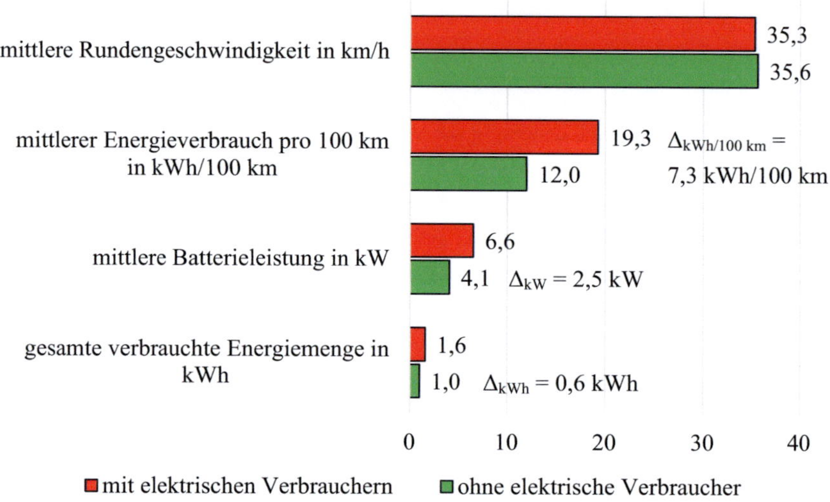

Bild 25: Vergleich beider Fahrten jeweils mit und ohne eingeschaltete elektrische Verbraucher

Im Mittel wird 60 % mehr Batterieleistung und somit auch 60 % mehr elektrische Energie während der Fahrt mit den elektrischen Verbrauchern umgesetzt. Die mittlere Rundengeschwindigkeit beider Fahrten liegt bei etwa 35 km/h.

Bei gleichbleibendem Fahrstil und gleichbleibenden Umgebungsbedingungen für Fahrten auf dieser Teststrecke würde dieses Ergebnis eine Reichweitenminderung des BEV um 60 % prognostizieren, wenn die elektrischen Verbraucher im Fahrzeuginnenraum während der gesamten Fahrzeit bei Volllast eingeschaltet wären.

Dieses Ergebnis zeigt, dass besonders bei einem energieeffizienten Eco-Fahrstil die Reichweitenminderung des BEV durch übermäßig eingeschaltete elektrische Verbraucher bei Volllast im Fahrzeuginnenraum, insbesondere die elektrische Heizung, nicht vernachlässigbar gering ist. In diesem Fall wäre eine Reichweitenminderung von 60 % vergleichsweise sehr hoch.

Da die beschrieben Versuchsdurchführung einen besonderen Extremfall bei durchgehendem Betrieb der elektrischen Verbraucher bei Volllast und einem sehr ausgeprägten gleichbleibenden Eco-Fahrstil während der gesamten Testfahrt darstellt, wird eine Reichweitenminderung des BEV von 60 % bei gewöhnlichen Fahrten kaum bzw. nur

72

selten erreicht werden können. Ein durchschnittlicher Fahrstil in Verbindung mit einer mittleren Auslastung der elektrischen Verbraucher würde eine durch die Klimatisierung des Fahrzeuginnenraums bewirkte Reduzierung der Reichweite deutlich verringern und sollte daher weiter systematisch untersucht werden.

Mit zunehmendem aggressivem Fahrstil würde der Anteil des Energieverbrauchs durch den Antriebsmotor am gesamten Energieverbrauch des BEV steigen, wodurch eine Reichweitenminderung verursacht durch elektrische Verbraucher zur Klimatisierung vergleichsweise geringer ausfallen würde. Der Anteil des Energieverbrauchs der elektrischen Verbraucher würde somit verglichen mit dem stark erhöhten Energieverbrauch durch den aggressiven Fahrstil dem Fahrer kaum auffallen.

4.6 Vorklimatisierung des BEV

Bei herbstlichen Umgebungsbedingungen und einer Außenlufttemperatur von ca. 15 °C werden mit dem BEV folgende Versuche zur Klimatisierung des Fahrzeuginnenraums durchgeführt. Dabei befindet sich das Fahrzeug während der gesamten Versuchsdurchführung im Haltezustand eingeschaltet und wird daher nicht gefahren. Anhand von Vergleichsaufzeichnungen aus der Versuchsdurchführung sollen Potenziale einer Vorklimatisierung zur Energieeinsparung beim Klimatisieren des Fahrzeuginnenraums während einer Fahrt dargestellt werden.

Wie in Abschnitt 2.2.2 beschrieben, liegt der empirisch ermittelte Bereich der Behaglichkeitstemperatur eines sitzenden Menschen bei etwa 25 - 26 °C [Per2007]. Für die Versuchsdurchführung wird eine behagliche Zieltemperatur von 25 °C für das Heizen des Fahrzeuginnenraums festgelegt und die Innenraumlüftung des Fahrzeugs auf die maximale Stufe 7 eingestellt. Da beim Versuchsfahrzeug eine Zieltemperatur zum Klimatisieren des Innenraums zwischen 16 und 36 °C eingestellt werden kann, wird für das möglichst maximale Abkühlen des Fahrzeuginnenraums mittels der Klimaanlage eine Zieltemperatur von 16 °C bei Lüftungsstufe 7 eingestellt.

Zur Versuchsdurchführung wird das mittels der Fahrzeugklimaanlage auf eine eingestellte Zieltemperatur von 16 °C abgekühlte BEV mittels der eingeschalteten elektrischen Heizung mit einer eingestellten Zieltemperatur von 25 °C über einen definierten Zeitraum erwärmt. Anschließend wird das BEV weiterhin über denselben definierten Zeitraum weiter erwärmt. Die dabei vorhandenen Werte werden aufgezeichnet. Dieser Versuch simuliert eine Fahrt, bei der ein abgekühltes Fahrzeug während der Fahrt beheizt wird, und eine weitere Fahrt, bei der das BEV bereits vorklimatisiert während der Fahrt weiterbeheizt wird, beides jeweils über einen gleichbleibend definierten Zeitraum.

Zur Simulation des Kühlens mittels der Klimaanlage wird anschließend das auf 25 °C aufgewärmte Fahrzeug auf die minimal mögliche eingestellte Zieltemperatur von 16 °C mittels der Klimaanlage des BEV gekühlt. Hierbei werden ebenfalls über einen gleichbleibend definierten Zeitraum zuerst eine Fahrt ohne Vorklimatisierung und anschließend eine Fahrt mit Vorklimatisierung simuliert und die vorhandenen Daten des BEV aufgezeichnet.

Die Versuchszeiträume beider beschriebener Maßnahmen zum Heizen und Kühlen des BEV sind jeweils mit 5, 10 und 20 Minuten definiert. Im Folgenden werden die Auswertungen der aufgezeichneten Daten des BEV während des separaten Betriebs der Heizung und der Klimaanlage aufgezeigt.

4.6.1 Fahrzeugheizung

Die aufgezeichneten Daten während des Versuchszeitraums von 20 Minuten zeigen einen erwarteten Unterschied der Leistungsaufnahme der Heizung und somit des Energieverbrauchs des BEV der Variante ohne Vorklimatisierung zur Variante mit Vorklimatisierung auf.

Das aus Abschnitt 4.1 bekannte Schwingen der aufgezeichneten elektrischen Leistung durch die Verbraucher wird durch Bildung eines gleitenden Durchschnitts über einen Zeitraum von 10 aufeinander folgenden Werten (in Summe 2 Sekunden) zur besseren Darstellung vermindert.

Bild 26 zeigt eine Gegenüberstellung des Leistungsverlaufs der elektrischen Heizung jeweils mit und ohne Vorklimatisierung während der Aufnahmezeit von 20 Minuten.

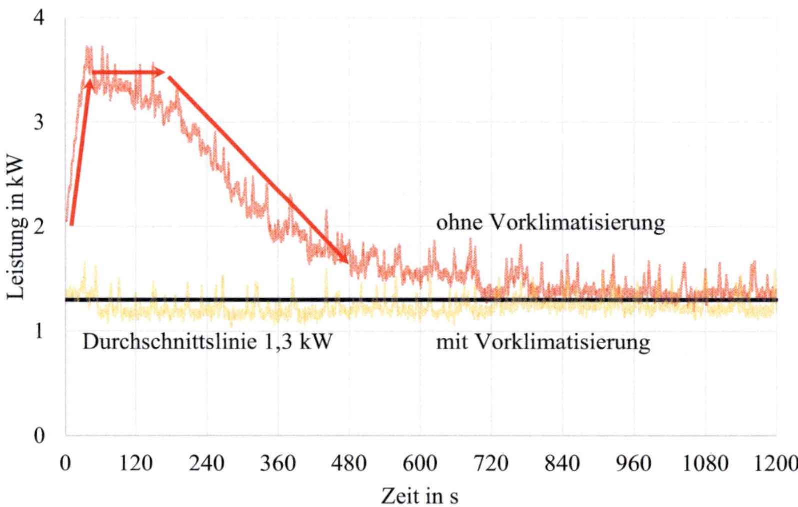

Bild 26: Gegenüberstellung des Leistungsverlaufs der elektrischen Heizung jeweils mit und ohne Vorklimatisierung während 20 Minuten Aufnahmezeit

Die durch den gleitenden Durchschnitt gebildete Trendlinie des Leistungsverlaufs ohne Vorklimatisierung ist mit transparentem Rot und des Leistungsverlaufs mit Vorklimatisierung mit transparentem Orange dargestellt. In Schwarz zeigt die Durchschnittslinie des Leistungsverlaufs mit Vorklimatisierung eine durch die elektrische Heizung des Fahrzeugs aufgenommene mittlere Leistungsaufnahme von 1,3 kW auf.

Über die aufgezeichneten 20 Minuten verläuft die orange Trendlinie vergleichsweise sehr eng an dieser schwarzen Durchschnittslinie. Dies zeigt, dass die elektrische Heizung mit einer Vorklimatisierung während des gesamten Zeitraums eine gleichbleibende Wärmeerzeugung aufweist.

Anders ist die Leistungsaufnahme der elektrischen Heizung während des Versuchs ohne eine Vorklimatisierung. Zu Beginn der Aufzeichnung steigt die Leistung schnell über 3,5 kW an, bleibt eine gewisse Zeit auf diesem Niveau und sinkt anschließend kontinuierlich zu einem stabilen Bereich ab, was mit den roten Pfeilen im Bild angedeutet ist.

Bei etwa 8 Minuten erreicht die Leistung der Heizung den vergleichsweise stabilen Zustand im Bereich der schwarzen Durchschnittslinie. Die Fläche zwischen den roten Pfeilen und der darunterliegenden schwarzen Durchschnittslinie verdeutlicht eine höhere Leistungsaufnahme durch die elektrische Heizung zum Erwärmen der anfangs kühlen Innenluft im BEV nahe der eingestellten Zieltemperatur. Der höhere Energiebedarf zum Vorklimatisieren des Fahrzeuginnenraums auf das eingestellte Zielniveau kann somit vor der Durchführung einer Fahrt durch eine Vorklimatisierung verschoben werden.

Bild 27 zeigt eine Gegenüberstellung des Energieverbrauchs der elektrischen Heizung jeweils mit und ohne Vorklimatisierung während der 20 Minuten Aufnahmezeit. Der Mehrbedarf an elektrischer Energie zum Erwärmen der ursprünglichen kalten Luft im Fahrzeuginnenraum ist hier deutlich zu erkennen.

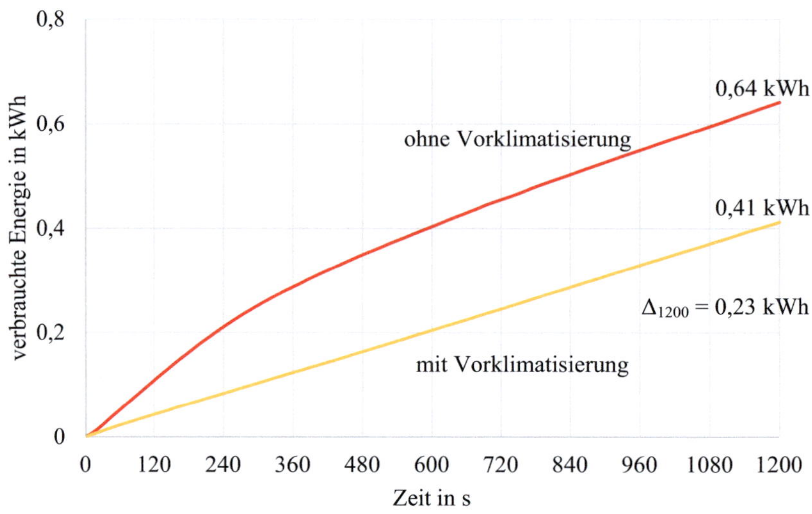

Bild 27: Gegenüberstellung des Energieverbrauchs der elektrischen Heizung jeweils mit und ohne Vorklimatisierung während 20 Minuten Aufnahmezeit

Mit Rot wird die verbrauchte Energiemenge während des Heizens ohne eine Vorklimatisierung der Aufnahmezeit zugeordnet. Sie liegen zu jedem Zeitpunkt jeweils oberhalb der orangen Werte, die den Versuch mit einer Vorklimatisierung beschreiben. Nach 20 Minuten wird beim Heizen ohne Vorklimatisierung eine Energiemenge von 0,64 kWh verbraucht, was im Vergleich zum Heizen mit Vorklimatisierung mit einem Gesamtenergieverbrauch von 0,41 kWh einen höheren Energieverbrauch von 0,23 kWh darstellt.

Dieser über die Aufnahmezeit kumulierte höhere Energiebedarf ist anhand der höheren Steigung der roten Linie von Beginn der Aufnahmezeit bis hin zum Bereich bei etwa 8 Minuten zu identifizieren. Oberhalb von 8 Minuten nähert sich die rote Linie kontinuierlich einem parallelen Verlauf zu der orangen Linie an, was bereits anhand von Bild 26 ebenfalls dargestellt werden konnte. Bei gleichbleibenden Bedingungen ist demnach ein paralleler Verlauf beider Linien oberhalb der Aufnahmezeit zu erwarten.

Zu beachten ist, dass bei besonders tiefen winterlichen Temperaturen neben der kalten Innenraumluft auch die Temperatur der Fahrzeuginnenausstattung auf das gewünschte eingestellte Temperaturniveau gebracht wird, was zu einem vergleichsweise höheren Energiebedarf und einer höheren Aufwärmzeit des BEV führen kann.

Da während der Versuchsdurchführung etwa 8 Minuten benötigt werden, um die abgekühlte Luft im Fahrzeuginnenraum auf das gewünschte Temperaturniveau zu erwärmen, könnte der Energieunterschied für kürzere Fahrten höher ausfallen. Für die Versuche mit einer Aufnahmezeit von 5 und 10 Minuten werden daher ebenfalls die jeweiligen

Differenzen der Energieverbräuche mit und ohne Vorklimatisierung zum Ende einer Aufnahmezeit berechnet.

Ein Vergleich der verbrauchten Energiemengen durch die elektrische Heizung jeweils mit und ohne Vorklimatisierung nach 5, 10 und 20 Minuten Aufnahmezeit ist in Bild 28 gegenübergestellt.

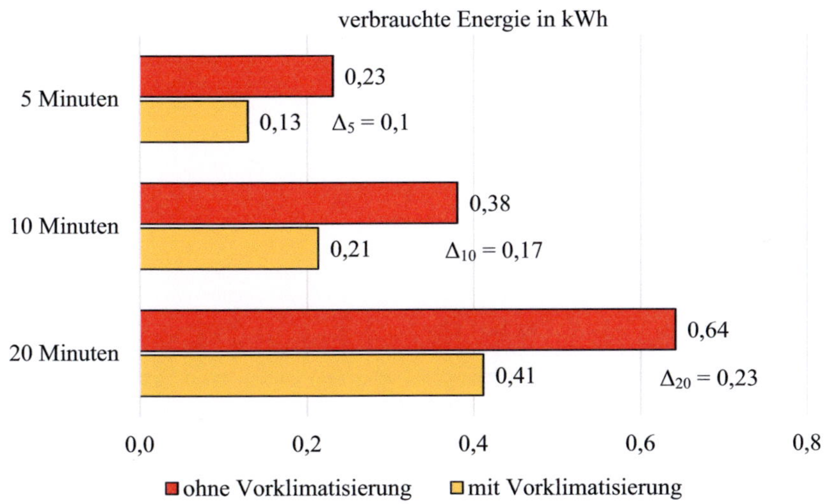

Bild 28: Vergleich der verbrauchten Energiemengen durch die elektrische Heizung jeweils mit und ohne Vorklimatisierung nach 5, 10 und 20 Minuten Aufnahmezeit

Mit roten Balken sind die Versuchsdurchführungen ohne eine Vorklimatisierung und mit orangen Balken die Versuchsdurchführungen mit einer Vorklimatisierung dargestellt. Bei einer kürzeren Aufnahmezeit wird die eingesparte Energiemenge durch die Vorklimatisierung vergleichsweise geringer.

Wie anhand von Bild 26 und Bild 27 dargestellt, sind die Leistungsverläufe der Heizung bei beiden Versuchsvarianten oberhalb von 8 Minuten nahezu identisch. Für längere Aufnahmezeiten über 20 Minuten sollte daher der Energieunterschied zwischen den beiden Versuchsvarianten kontinuierliche abfallen und sich einem Grenzwert für besonders lange Fahrten annähern. Daher wird für diese Versuchsdurchführung keine weitere Erhöhung der Aufnahmezeit durchgeführt.

Die Ergebnisse zeigen, dass bereits für vergleichsweise kurze Fahrzeiten unterhalb von 20 Minuten eine Reichweitenerhöhung des BEV mittels einer Vorklimatisierung erreicht werden kann, indem durch die Verlagerung der Heizleistung zur Vorklimatisierung des Innenraums vor Fahrtbeginn die Energiemenge um bis zu 0,23 kWh beim elektrischen Heizen während einer Fahrt verringert wird.

4.6.2 Fahrzeugklimaanlage

Analog zur Versuchsdurchführung mit der Fahrzeugheizung wird im Folgenden die beschriebene Versuchsdurchführung für die Klimaanlage des BEV während des Versuchszeitraums von 20 Minuten ausgewertet.

Bild 29 zeigt eine Gegenüberstellung des Leistungsverlaufs der elektrischen Klimaanlage jeweils mit und ohne Vorklimatisierung während einer Aufnahmezeit von 20 Minuten.

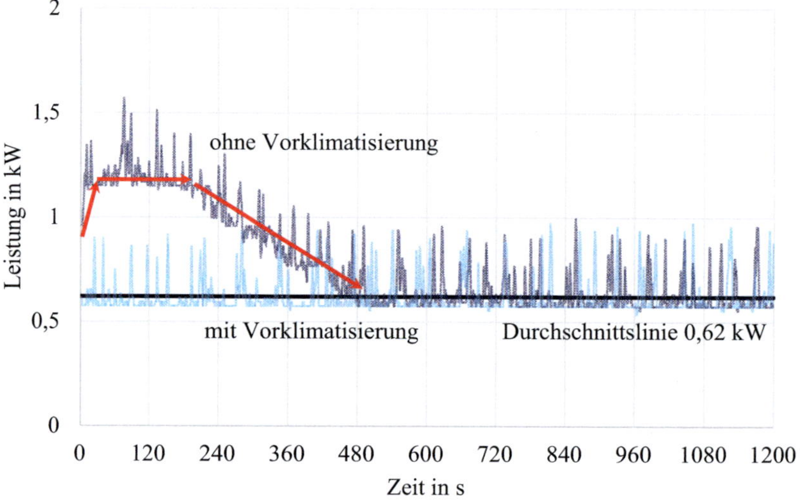

Bild 29: Gegenüberstellung des Leistungsverlaufs der elektrischen Klimaanlage jeweils mit und ohne Vorklimatisierung während 20 Minuten Aufnahmezeit

Die durch den gleitenden Durchschnitt gebildete Trendlinie des Leistungsverlaufs ohne Vorklimatisierung ist mit transparentem Dunkelblau und des Leistungsverlaufs mit Vorklimatisierung mi transparentem Hellblau dargestellt. Eine durch die elektrische Klimaanlage des Fahrzeugs aufgenommene mittlere Leistungsaufnahme von 0,62 kW ist mit einer schwarzen Linie angedeutet. Die hellblauen Werte schwingen während der gesamten Aufnahmezeit vergleichsweise eng an der Durchschnittslinie, was eine stabile Leistungsaufnahme der Klimaanlage während der Versuchsdurchführung mit einer Vorklimatisierung aufzeigt.

Wie bei der Versuchsdurchführung zum Heizen verdeutlicht auch die Versuchsdurchführung mit der Klimaanlage anhand der Fläche zwischen den roten Pfeilen und der schwarzen Durchschnittslinie eine höhere Leistungsaufnahme der Fahrzeugklimaanlage zum Abkühlen der anfangs warmen Innenluft im BEV nahe der eingestellten Zieltemperatur bis zur Aufnahmezeit von 8 Minuten.

Anhand der Gegenüberstellung des Energieverbrauchs der elektrischen Klimaanlage jeweils mit und ohne Vorklimatisierung während der 20 Minuten Aufnahmezeit in Bild 30, ist der Mehrbedarf an elektrischer Energie zum Abkühlen der ursprünglich warmen Luft im Fahrzeuginnenraum ebenfalls deutlich zu erkennen.

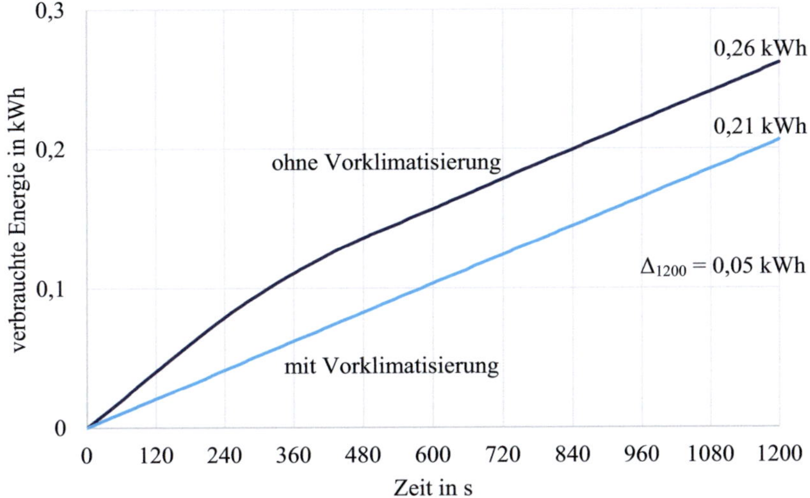

Bild 30: Gegenüberstellung des Energieverbrauchs der elektrischen Klimaanlage jeweils mit und ohne Vorklimatisierung während 20 Minuten Aufnahmezeit

Zum Ende der Aufnahmezeit von 20 Minuten erreicht der dunkelblaue Graf (ohne Vorklimatisierung) eine Energiemenge von 0,26 kWh und der hellblaue Graf (mit Vorklimatisierung) eine Energiemenge von 0,21 kWh. Der absolute Energieunterschied beträgt nach 20 Minuten 0,05 kWh. Ein näherungsweiser paralleler Verlauf beider Grafen oberhalb von 8 Minuten ist hier vergleichsweise deutlicher zu erkennen.

Für die Klimaanlage ist ebenso ein durch sommerlich hohe Temperaturen erhöhter Energiebedarf zum Abkühlen der Innenluft und der Innenausstattung beim BEV zu beachten.

In Bild 31 ist ein Vergleich der verbrauchten Energiemengen durch die elektrische Klimaanlage jeweils mit und ohne Vorklimatisierung nach 5, 10 und 20 Minuten Aufnahmezeit dargestellt.

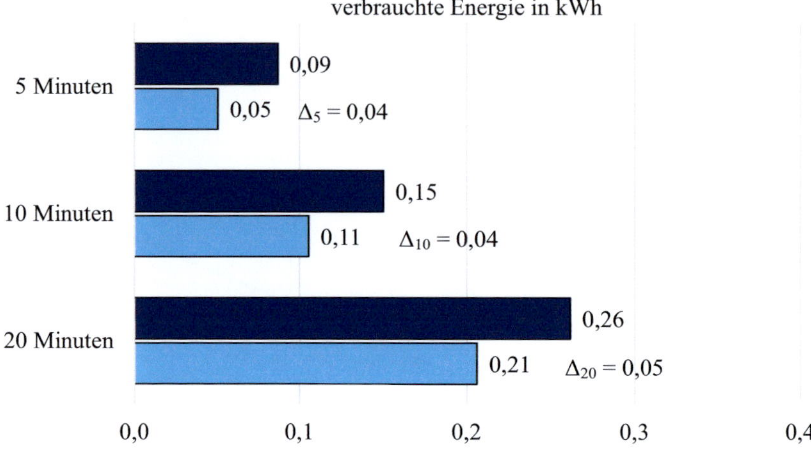

Bild 31: Vergleich der verbrauchten Energiemengen durch die elektrische Klimaanlage jeweils mit und ohne Vorklimatisierung nach 5, 10 und 20 Minuten Aufnahmezeit

Die dunkelblauen Balken zeigen die Versuchsdurchführungen ohne Vorklimatisierung und die hellblauen Balken die Versuchsdurchführungen mit Vorklimatisierung. Aufgrund der mit der Fahrzeugheizung vergleichsweise geringeren Leistungsaufnahme der Fahrzeugklimaanlage ist die eingesparte Energiemenge von 0,05 kWh beim Kühlen ebenfalls geringer als die eingesparte Energiemenge von 0,23 kWh beim Heizen.

Diese technisch bedingte Tatsache bewirkt, wie in den vorhergehenden Abschnitten 4.1 sowie 4.5 bereits zu erkennen, dass die Fahrzeugheizung während der Versuchsdurchführung dieses Werkes einen vergleichsweise zur Klimaanlage höheren Energieverbrauch und somit eine höhere Reichweitenminderung des BEV verursacht.

4.7 Unterstütztes Eco-Driving beim Fahren auf der Teststrecke

Zur Einschätzung der Wirksamkeit von unterstützenden Eco-Driving-Maßnahmen auf den Fahrstil werden 15 Runden einer Fahrt auf der Teststrecke mit eingeschalteter Eco-Driving-Unterstützung und eingeschalteten Energieinformationsanzeigen im BEV aufgezeichnet. Der Fahrer verfolgt während dieser Testfahrt das Ziel, seinen Eco-Fahrstil und somit seine Energieeffizienz beim Fahren von Runde zu Runde stetig zu verbessern. Hierfür stehen dem Fahrer sichtbare Eco-Driving- und Energieinformationsanzeigen innerhalb seines Sichtbereichs im Fahrzeug zur Verfügung.

Das für dieses Buch eingesetzte BEV verfügt bereits über eine Ausstattung zur momentanen Information des Fahrers zu seinem Fahrstil bzw. seinem Energieverbrauch während einer Fahrt. In Bild 32 ist ein Überblick des Sichtbereichs des Fahrers über die Informationsanzeigen im Nissan Leaf in den Bereichen A, B, C und D zu erkennen.

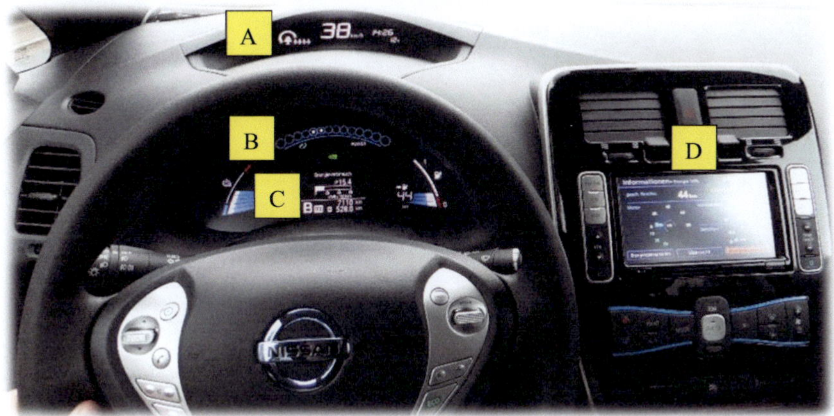

Bild 32: Überblick des Sichtbereichs des Fahrers über die Informationsanzeigen im Nissan Leaf

Im Bereich A ist direkt links neben der momentanen Geschwindigkeitsanzeige eine digitale Eco-Driving-Skala mit wachsenden Tannenbäumen dargestellt. Die relative Füllung der digitalen Eco-Driving-Skala wird relativ zum momentanen Energieverbrauch dargestellt. Bei einem besonders guten Eco-Fahrstil wird ein wachsender Tannenbaum dargestellt und bei fortschreitender Fahrt werden unter der Eco-Driving-Skala weitere Tannenbäume gesammelt.

Direkt hinter dem Lenkrad befindet sich der Bereich B mit einer momentanen Leistungsskala, die Informationen über die Stärke der momentanen Beschleunigung oder der Rekuperation anzeigt. Unterhalb dieser Leistungsskala kann im Bereich C zusätzlich eine digitale Anzeige zum durchschnittlichen Energieverbrauch eingeschaltet werden, die ebenfalls über eine Skala die relative Höhe des momentanen Energieverbrauchs anzeigt.

Der Bereich D kann vom Fahrer als zusätzliche Energieinformation eingeschaltet werden. In D wird neben der Leistungsaufnahme des Antriebsmotors auch die Leistungsaufnahme der Klimaanlage oder der Heizung sowie von sonstigen elektrischen Verbrauchern im Fahrzeug angezeigt.

Im Folgenden werden diese beschrieben Visualisierungen der Bereiche A, B, C und D weiter erläutert. Anschließend werden zwei Beschleunigungsmesser-Apps vorgestellt, die während der Testfahrt ebenfalls zur Eco-Driving-Unterstützung eingesetzt werden.

Bild 33 zeigt eine Übersicht über verschiedene Zustände der digitalen Eco-Driving-Anzeige und den wachsenden Tannenbäumen im vorgestellten Bereich A beim Nissan Leaf.

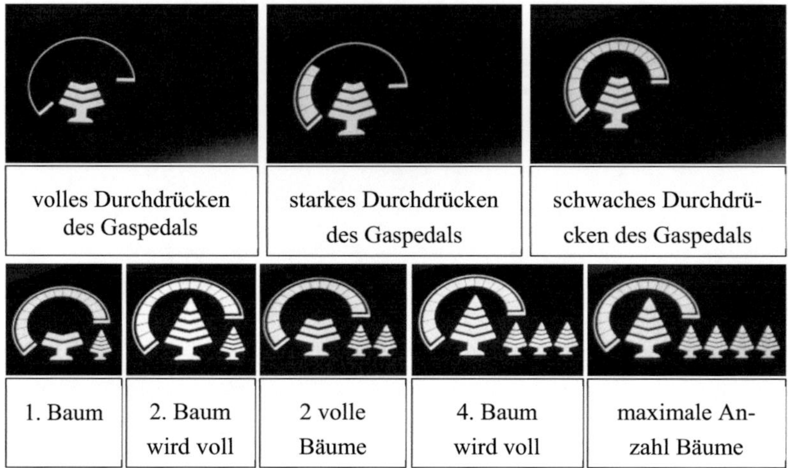

Bild 33: Digitale Eco-Driving-Anzeige mit wachsenden Tannenbäumen beim Nissan Leaf

Beim aggressiven Fahren bzw. starkem bis vollem Durchdrücken des Gaspedals fällt der ausgefüllte Teilkreis ab bzw. verschwindet vollständig. Während eines Stillstands des BEV ist der Teilkreis ebenfalls leer ausgefüllt, da dabei keine Fahrstrecke überwunden wird. Fährt der Fahrer energieeffizient, dann wird der Teilkreis über dem wachsenden Tannenbaum vollständig ausgefüllt. Bei einem energieeffizienten Fahrstil ist der Teilkreis vollständig ausgefüllt und bewirkt während einer Fahrt ein zeitliches Wachsen eines Tannenbaums. Dementsprechend wächst ein Tannenbaum langsamer, wenn der Teilkreis geringer ausgefüllt ist.

Nachdem ein Tannenbaum vollständig gewachsen ist, wird er verkleinert in der rechten unteren Ecke der Anzeige gesammelt und ein neuer Tannenbaum beginnt unter dem Teilkreis zu wachsen. Maximal werden fünf gesammelte Tannenbäume dargestellt, was bei einem effizienten Fahrstil nach einer Fahrzeit von ca. 30 Minuten erreicht werden kann. Beim Fortschreiten der Fahrt springt die Anzeige auf den Ursprungszustand zurück, sodass weitere Tannenbäume gesammelt werden können. Die gesamte Anzahl an gesammelten Tannenbäumen über sämtliche Fahrten mit dem BEV kann mittels der CARWINGS Oberfläche nachträglich eingesehen werden.

Während der Testfahrt wird das Eco-Driving-Element mit den wachsenden Tannenbäumen vom Fahrer am stärksten wahrgenommen, da es sich direkt neben der digitalen Geschwindigkeitsanzeige befindet und mittels des Teilkreises ein direktes Feedback über den momentanen Energieverbrauch wiedergibt.

Das subjektiv nächstauffallende Element bei der Testfahrt nach dem dargestellten Bereich A ist die momentane Leistungsskala, die in dem Bereich B (vgl. Bild 32) direkt hinter dem Lenkrad sichtbar ist. Mögliche Darstellungsformen der Balken sind in Bild 34 zu erkennen.

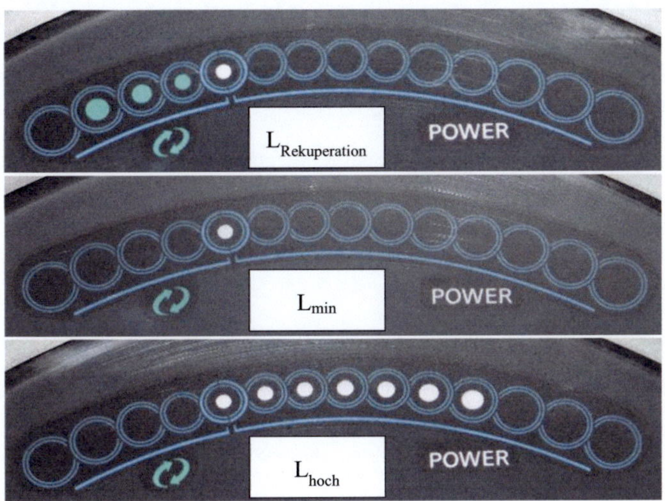

Bild 34: Digitaler Balken zur Leistungsanzeige mit Kreisen beim Nissan Leaf

Der Bereich oberhalb der beiden kreisbildenden Pfeile, zeigt die Leistung bei einer Rekuperation an ($L_{Rekuperation}$). Beim Stillstand des BEV oder bei einer geringen Leistungsaufnahme des Antriebsmotors ist nur ein Kreis gefüllt (L_{min}). Relativ zum Durchdrücken des Gaspedals werden die Kreise des Balkens über POWER ausgefüllt dargestellt, die den Fahrer somit über die momentane Leistungsaufnahme des Antriebsmotors informieren (L_{hoch}). Hierdurch erhält der Fahrer relativ zur Betätigungsstärke des Gaspedals Feedback zur Leistungsaufnahme und zur Rekuperation des Antriebsmotors.

Zusätzlich kann der Fahrer den Eco-Modus des BEV aktivieren bzw. deaktivieren und mit der Gangschaltung des BEV zwischen den Fahrmodi D und B wählen. Bei eingeschaltetem Eco-Modus wird beim Drücken des Gaspedals eine im Vergleich zum Fahren ohne den Eco-Modus geringere Leistung vom Antriebsmotor aufgenommen. Als Sicherheitsmaßnahme wird der Eco-Modus beim vollständigen Durchdrücken des Gaspedals bei Bedarf kurzzeitig verlassen, sodass eine maximale Antriebsleistung erzielt werden kann. Im Fahrmodus B erfolgt eine Rekuperation des BEV vergleichsweise stärker als im Fahrmodus D.

Unterhalb der Leistungsanzeige kann optional eine Anzeige eingeschaltet werden, die den durchschnittlichen Energieverbrauch der Fahrt pro 100 km anzeigt. Diese Anzeige befindet sich im Sichtbereich C (vgl. Bild 32) und füllt ebenfalls einen Balken relativ zum momentanen Energieverbrauch aus. In Bild 35 sind drei unterschiedlich hohe Energieverbräuche mit dieser Anzeige dargestellt.

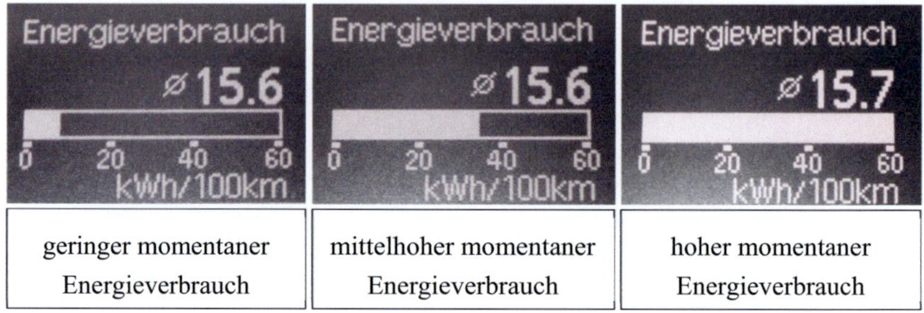

Bild 35: Digitaler Balken zum momentanen Energieverbrauch mit der Anzeige zum durchschnittlichen Energieverbrauch pro 100 km beim Nissan Leaf

Diese digitale Anzeige im Bereich C unterstützt zusätzlich das Informieren des Fahrers über den momentanen Energieverbrauch des BEV. Da diese Anzeige im Vergleich zur Leistungsanzeige klein dargestellt ist, fällt sie dem Fahrer während der Fahrt nicht besonders auf. Einen motivierten Fahrer kann diese Anzeige beim Eco-Driving unterstützen, wenn er diese Anzeige gezielt einschaltet und beobachtet.

Im Sichtbereich D (vgl. Bild 32) kann durch den Fahrer im Display optional eine Übersicht zur Energieinformation aufgerufen werden. Es wird neben der momentanen Leistung des Antriebsmotors die Leistungsaufnahme der Klimaanlage bzw. der Heizung und sonstiger elektrischer Verbraucher angezeigt. Diese Übersicht ist in Bild 36 abgebildet.

Bild 36: Display mit Energieinformation beim Nissan Leaf

In der Energieinformation wird eine geschätzte Reichweite sowie eine mögliche Minderung oder Erhöhung der Reichweite beim Ein- bzw. Ausschalten der Klimaanlage oder der Heizung ebenfalls angezeigt.

Ein interessierter Fahrer kann diese Energieinformation als Feedback zum momentanen Energieverbrauch und zur geschätzten Reichweite des BEV nutzen. Da dieses Display im Bereich D (vgl. Bild 32) verglichen mit den vorher beschriebenen Informationsanzeigen am weitesten entfernt von dem zentralen Blickfeld des Fahrers angeordnet ist, fällt es dem Fahrer beim Fahren während der Testfahrt am geringsten auf.

Trotzdem kann die Energieinformation dem Fahrer vorzugsweise vor einer Fahrt oder beim Halten nützliches Feedback zum Eco-Driving geben, insbesondere wenn eine hohe Leistungsaufnahme von elektrischen Verbrauchern, die durch unbeabsichtigt oder übermäßig starkes Heizen bzw. Klimatisieren, bewirkt wird.

Neben den vorgestellten Informationsanzeigen des Nissan Leaf werden zwei auf einem Android-Tablet installierte Beschleunigungsmesser-Apps während der Fahrt im Sichtbereich des Fahrers unterhalb des Displays zur Energieinformation angezeigt. Bild 37 zeigt das Tablet im Sichtbereich des Fahrers.

Bild 37: Überblick des Sichtbereichs des Fahrers über die Informationsanzeigen und ein Tablet zum Betrachten der Apps im Nissan Leaf

Die Positionierung des Tablets im abgebildeten Bereich ist ergonomisch ungünstig, da dieser Bereich vergleichsweise weit und tief vom zentralen Blickfeld des Fahrers gelegen ist.

Für die Testfahrt reicht diese Positionierung aus, da beide Apps während der Fahrt einer Runde nicht betrachtet werden müssen, sondern beim Halten zum Ende einer Runde bedient und betrachtet werden. Des Weiteren ist eine direkte Betrachtung einer verwendeten App während einer Fahrt nicht unbedingt notwendig, weil diese App Signaltöne relativ zur gemessenen Beschleunigungsstärke wiedergibt.

Auf dem Android-Tablet werden die zwei Beschleunigungsmesser-Apps, die in Bild 38 gegenübergestellt sind, für die Testfahrt angewendet.

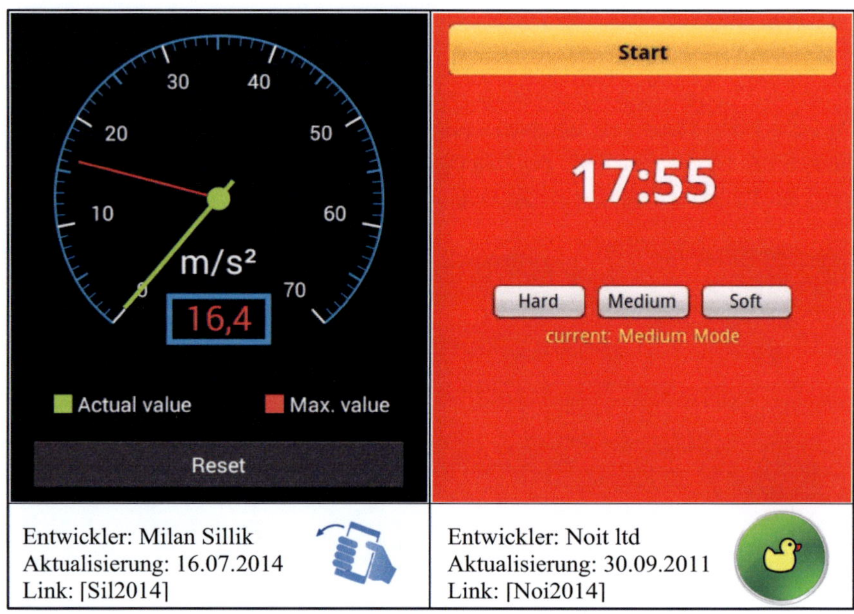

Bild 38: Zwei verwendete Beschleunigungsmesser-Apps zur Eco-Driving-Unterstützung während der Testfahrt

Links im Bild ist die Oberfläche der von Milan Sillik entwickelten Beschleunigungsmesser-App abgebildet. Hierbei wird ein simuliertes analoges Messinstrument zur momentanen Beschleunigung, die durch den im Tablet integrierten Beschleunigungssensor aufgenommen wird, angezeigt. Innerhalb des Messzeitraums, welcher für die Versuchsdurchführung eine Runde der Teststrecke beträgt, kann ein maximaler Ausschlag abgelesen werden und anschließend die App für eine weitere Messung zurückgesetzt werden. [Sil2014]

Die im rechten Bereich abgebildete Beschleunigungsmesser-App von Noit ltd wechselt die Farben relativ zur gemessenen Stärke der Beschleunigung und gibt dabei Signaltöne wieder, die wie Küken- bzw. Vogelgezwitscher klingen. Wodurch dem Fahrer mittels Tonsignalen direkt ein akustisches Feedback zur momentan gemessenen Beschleunigungsänderung gegeben wird. Bei sehr starken gemessenen Beschleunigungsänderungen werden diese akustischen Signaltöne bereits nervig und animieren den Fahrer damit indirekt zu einem gleichmäßigen und ruhigen Fahren. [Noi2014]

Mit dem Einsatz der beschrieben Informationsmaßnahmen zum Eco-Driving, die mithilfe von im Fahrzeug vorhandenen Anzeigen und mit Apps dargestellt werden, verfolgt der Fahrer das Ziel den Energieverbrauch während der Testfahrt von Runde zu Runde zu senken. Insgesamt werden 15 Runden der Teststrecke gefahren und die Fahrtdaten des BEV aufgezeichnet.

Zum Ende einer Runde wird der angezeigte maximale Wert der Beschleunigungsmesser-App notiert und für eine folgende Rundenmessung zurückgesetzt. Der Fahrer kann während der gesamten Testfahrt alle Anzeigen, wie in Bild 37 dargestellt, nach eigenem Ermessen betrachten und beobachten.

In Bild 39 ist eine Gegenüberstellung der Beschleunigungsmesser-App-Anzeige und der verbrauchten Energiemenge einer jeweiligen Runde während der Testfahrt dargestellt.

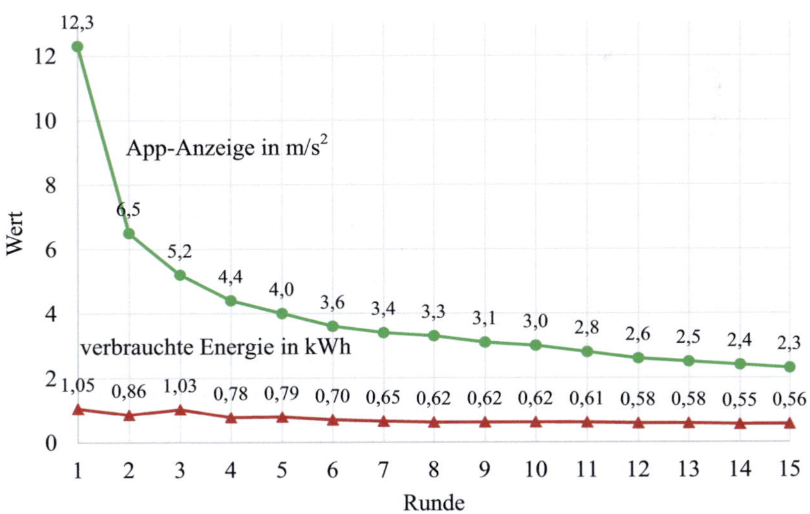

Bild 39: Gegenüberstellung der App-Anzeige und der verbrauchten Energiemenge einer jeweiligen Runde während der Testfahrt

Der grüne Verlauf zeigt die stetige Abnahme des von der App angezeigten Messwerts von Runde 1 bis 15. Mit Dunkelrot ist der aufgezeichnete Energieverbrauch einer Runde in der Einheit kWh abgebildet. Erkennbar fällt auch die verbrauchte Energiemenge je Runde vom Beginn bis hin zum Ende der gesamten Testfahrt. Lediglich während Runde 3 steigt der Energieverbrauch kurzzeitig, was jedoch mit einem in dieser Runde vergleichsweise höheren Gegenverkehr erklärt werden kann.

Aufgrund der Bemühung des Fahrers die Energieeffizienz von Runde zu Runde stetig zu verbessern, nimmt die Rundenzeit kontinuierlich zu und die mittlere Rundengeschwindigkeit kontinuierlich ab, was in Bild 40 anhand einer Gegenüberstellung der Rundenzeit und der mittleren Rundengeschwindigkeit während der Testfahrt zu erkennen ist.

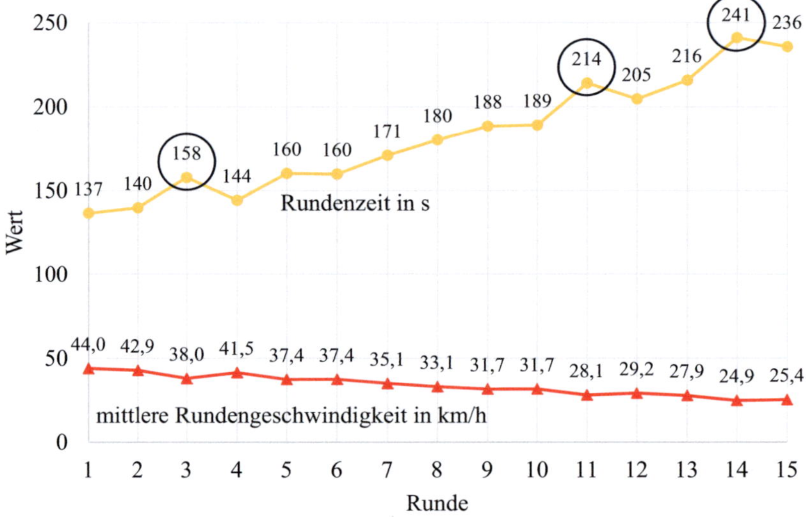

Bild 40: Gegenüberstellung der Rundenzeit und der mittleren Rundengeschwindigkeit während der Testfahrt

Anhand der orangen Linie, die die Rundenzeiten abbildet, ist für die Runden 3, 11 und 14 ersichtlich, dass die benötigte Zeit dieser Runden jeweils höher ist, verglichen mit einer jeweiligen Runde davor und danach. Dies kann tatsächlich mit einem kurzzeitig höheren Verkehrsaufkommen erklärt werden.

Die rote Linie, die die mittlere Rundengeschwindigkeit einer jeweiligen Runde zuordnet, fällt vergleichsweise gleichmäßiger vom Beginn zum Ende der Testfahrt ab. In Runde 3, 11 und 14 fallen die roten Werte ebenfalls auf, da sie leicht geringer sind als ihr jeweiliger nachfolgender Rundenwert. Die Runden 3, 11 und 14 werden im Folgenden daher nicht weiter in Bezug auf das erhöhte Verkehrsaufkommen kommentiert.

Wie bereits in Abschnitt 4.2 dargestellt, nimmt der Energieverbrauch des BEV relativ mit der Minderung der Geschwindigkeit ab, was ebenfalls in der Gegenüberstellung des gemittelten Durchdrückens des Gaspedals und der mittleren Batterieleistung einer jeweiligen Runde während der Testfahrt in Bild 41 bestätigt werden kann.

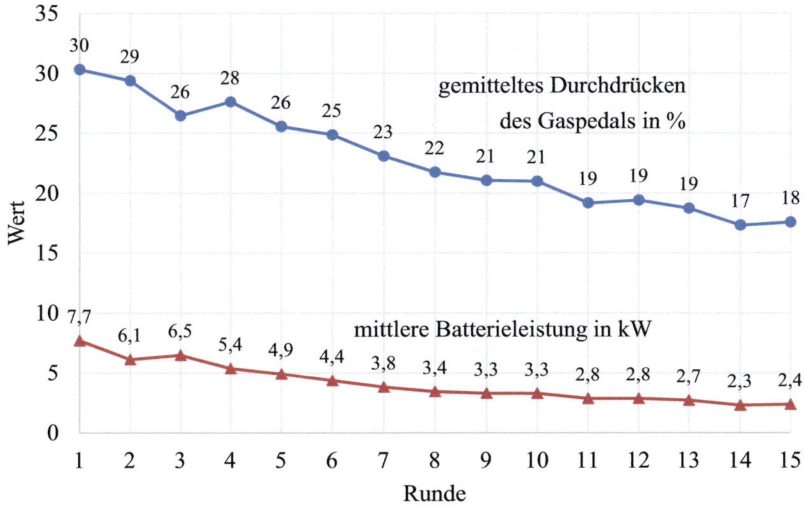

Bild 41: Gegenüberstellung des gemittelten Durchdrückens des Gaspedals und der mittleren Batterieleistung einer jeweiligen Runde während der Testfahrt

Wie die kontinuierliche Abnahme der mittleren Rundengeschwindigkeit vom Beginn bis hin zum Ende der Testfahrt nimmt auch die mittlere Batterieleistung über die Runden kontinuierliche ab. Die kontinuierliche Abnahme des Energieverbrauchs ist bereits in Bild 39 dargestellt.

Im Mittel drückt der Fahrer von Runde zu Runde das Gaspedal weniger stark durch als in den Runden zuvor, womit auch direkt die mittlere Batterieleistung einer Runde kontinuierlich abnimmt. Durch das direkte Feedback durch die verwendeten Eco-Driving-Unterstützungen kann sich der Fahrer über die Runden der Testfahrt zu seinem momentanen Fahrstil informieren und somit die Energieeffizienz von Runde zu Runde verbessern.

In Abschnitt 0 konnte dargestellt werden, dass die Motivation zum kontinuierlichen Verbessern der Energieeffizienz beim Fahrer nach einer gewissen Anzahl an wiederholten Runden während der Testfahrt aufgrund von möglicher Abnahme des Interesses durch Langeweile während der Fahrt abnimmt und somit die Rundenwerte wieder vergleichsweise schlechter werden.

Mit der Zuhilfenahme der beschrieben Eco-Driving-Unterstützungen kann bei dieser Testfahrt das Interesse sowie die Motivation des Fahrers über die gesamte Testfahrt aufrechterhalten werden, was an den in diesem Abschnitt beschrieben Verläufen bestätigt werden kann.

In Bild 42 zeigt eine Gegenüberstellung der Fahrtdaten pro Runde, jeweils gemittelt über die ersten 5 Runden und über die letzten 5 Runden der Testfahrt, die Differenzen der aufgezeichneten Fahrtdaten und somit den Fahrstil des Fahrers zum Beginn und zum Ende der Testfahrt.

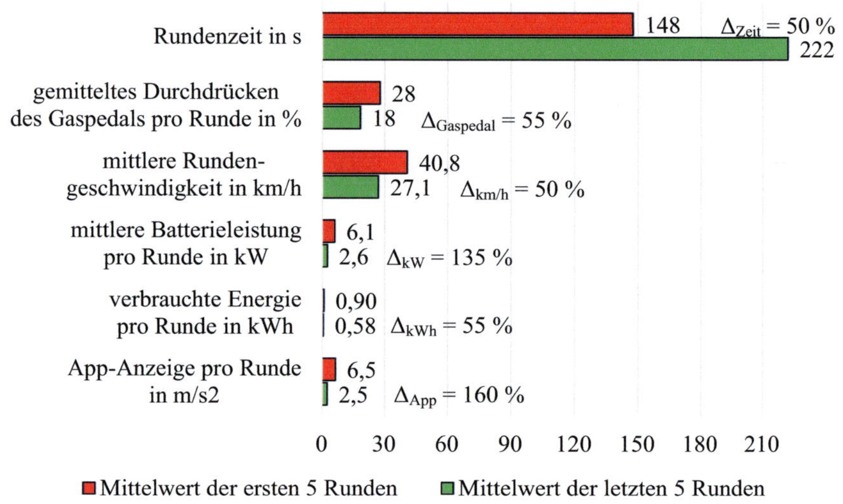

Bild 42: Gegenüberstellung der Fahrtdaten jeweils gemittelt über die ersten 5 Runden und über die letzten 5 Runden der Testfahrt

Der Fahrer kann den mit der App erreichten Wert pro Runde gemittelt über die ersten und letzten 5 Runden der Testfahrt um 160 % verbessern. Dadurch dauert eine Runde zum Ende der Testfahrt ca. 50 % länger. Der Energieverbrauch pro Runde ist um 55 % geringer somit auch das gemittelte Durchdrücken des Gaspedals pro Runde.

Da die mittlere Batterieleistung pro Runde zum Ende der Testfahrt deutlich geringer ist als zu Beginn der Testfahrt, kann der Batteriezustand durch den entwickelten Fahrstil vergleichsweise weniger stark ausgeschöpft werden. Der mittlere Rundenenergieverbrauch ist daher zum Ende der Testfahrt um 0,32 kWh (55 %) pro Runde geringer als zu Beginn der Testfahrt.

Ein bereinigter Vergleich des durchschnittlichen Energieverbrauchs pro Runde zwischen den ersten 5 und den letzten 5 Runden der Testfahrt wird durch das Herausrechnen des Einflusses der Fahrgeschwindigkeit auf den Energieverbrauch des BEV im Folgenden durchgeführt.

Anhand der Fahrtdaten in Bild 16 (vgl. Abschnitt 4.2 auf S. 58) kann für eine momentane Geschwindigkeit von 40,8 km/h ein momentan aufgezeichneter Energieverbrauch des BEV von 1,33 kWs ermittelt werden. Für eine Geschwindigkeit von 27,1 km/h beträgt der momentane Energieverbrauch 0,85 kWs.

Mittels Multiplikation des momentan aufgezeichneten Energieverbrauchs mit der Aufnahmefrequenz von 5 Hz und der mittleren Rundenzeit wird der jeweilige Anteil des Energieverbrauchs, welcher durch die Fahrgeschwindigkeit bewirkt wird, berechnet. Dieser durchschnittliche Energieverbrauch der ersten 5 Runden (gEV_{Anfang}) und der letzten 5 Runden (gEV_{Ende}) wird wie folgt berechnet.

$$gEV_{Anfang} = 1{,}33 \text{ kWs} \cdot 5 \text{ Hz} \cdot 148 \text{ s} = 0{,}27 \text{ kWh}$$

$$gEV_{Ende} = 0{,}85 \text{ kWs} \cdot 5 \text{ Hz} \cdot 222 \text{ s} = 0{,}26 \text{ kWh}$$

Die Differenz beider Werte ist vergleichsweise gering. Hieraus ergibt sich in Summe jeweils der folgende bereinigte Energieverbrauch pro Runde der Teststrecke gemittelt über die ersten 5 Runden bEV_{Anfang} und die letzten 5 Runden bEV_{Ende}.

,6 - t ahrt mit einem aggressiven Fahrstil (EVAgg) und für die Fahrt mit einem Eco-Fahrstil werden diese Verbräuche berechnet:

$$bEV_{Anfang} = 0{,}9 \text{ kWh} - 0{,}27 \text{ kWh} = 0{,}63 \text{ kWh}$$

$$bEV_{Ende} = 0{,}58 \text{ kWh} - 0{,}26 \text{ kWh} = 0{,}32 \text{ kWh}$$

Zu Beginn der Testfahrt zeigt der über die ersten 5 Runden gemittelte Fahrstil einen bereinigten Energieverbrauch von 0,63 kWh auf. Der entwickelte Fahrstil gemittelt über die letzten 5 Runden stellt mit einem bereinigten Energieverbrauch von 0,32 kWh eine Differenz von 0,31 kWh und somit eine Energieoptimierung von 97 % gegenüber den ersten 5 Runden dar.

Die unterstütze Entwicklung des Eco-Fahrstils beim Fahrer kann somit einen durchschnittlich geringeren Energieverbrauch des BEV von 55 % beim Fahren auf der Teststrecke erzielen. Dabei zeigt ein bereinigter Vergleich des Energieverbrauchs pro Runde einen direkten energetischen Unterschied des Fahrstils von 0,31 kWh zwischen Anfang und Ende der Testfahrt auf, was eine Energieoptimierung des Fahrstils von 97 % darstellt.

Bei gleichbleibenden Bedingungen würde sich die Reichweite des BEV um 55 % erhöhen, wenn der Fahrer diese Teststrecke mit dem BEV weiterhin interessiert und motiviert mit seinem erreichten Fahrstil fährt und dabei die Erhöhung der Fahrzeit sowie eine Minderung der durchschnittlichen Rundengeschwindigkeit um ca. 50 % akzeptiert.

Im Rahmen dieser Versuchsdurchführung wurde eine Testfahrt mit einem Fahrer durchgeführt. Eine hinreichende Erhöhung der Stichprobe durch zukünftige Versuchsdurchführungen mit unterschiedlichen Fahrern über mehrere Fahrten würde eine statistisch signifikante Abschätzung der beschriebenen Maßnahme zur Energieoptimierung erlauben.

5 Diskussion

In diesem Kapitel werden die Versuchsergebnisse sowie hieraus mögliche Ableitungen von Maßnahmen zur Erhöhung der Reichweite bei BEV mittels Thermomanagement und Fahrerbeeinflussung zusammenfassend diskutiert. Der Schwerpunkt der Betrachtung zur Ableitung von geeigneten Methoden liegt hierbei beim Carsharing, da besonders hier wertvolle Potenziale mittels geeigneter Maßnahmen identifiziert werden können.

Die Auswertung von aufgezeichneten Fahrtdaten liefert unter anderem Leistungs-, Energieverbrauchs- und Geschwindigkeitsverläufe des BEV über die Aufnahmezeit einer Testfahrt. Wie in Abschnitt 3.2 dargestellt, wurde die Fahrtdatenaufzeichnung experimentell verifiziert und erfüllt die Anforderungen der Versuchsdurchführungen dieses Werkes.

Da für die durchgeführte Auswertung jeweils Vergleichsfahrten aufgezeichnet wurden, können systematische Fehler für die Ergebnisdarstellung näherungsweise vernachlässigt werden. Trotzdem können Messfehler bzw. Fehler bei der Aufzeichnung von Fahrtdaten nicht ausgeschlossen werden, weshalb bei der Auswertung der Fahrtdaten auf eine Datenkonsistenz sowie -plausibilität geachtet wurde.

Es ist zu beachten, dass die in diesem Buch erstellten Auswertungen und Ergebnisse und die damit verbundenen Ableitungen von Maßnahmen für die beschriebenen Umgebungs- und Versuchsbedingungen gelten. Insbesondere für veränderte Umweltbedingungen können unterschiedlich starke Veränderungen zu den in diesem Buch erstellten Auswertungen resultieren, weshalb für zukünftige Anwendungen eine situationsbedingte Überprüfung einer Maßnahme zu empfehlen ist.

Aufgrund des zeitlichen Rahmens dieses Werkes wurde die Anzahl an unterschiedlichen Testfahrern während einer Versuchsreihe nicht erhöht. Hierdurch konnten zwar Aussagen zu den durchgeführten Versuchsmaßnahmen getroffen werden, diese sind jedoch nicht statistisch übertragbar und beschreiben daher jeweils nur die dargestellten Versuchsaufnahmen. Eine statistisch hinreichende Erhöhung der Stichprobe bei Untersuchungen in zukünftigen Studien durch die Versuchsaufnahme von mehreren Testfahrten mit mehreren Fahrern würde signifikante Trendabschätzungen der dargestellten Ergebnisse erlauben. Des Weiteren kann eine Erhebung von Fahrtdaten mit unterschiedlichen BEV und mehreren Fahrern, die beispielsweise anonymisiert durch ein Carsharing-System aufgezeichnet werden, eine Auswertung für unterschiedliche Umgebungsbedingungen und zu unterschiedlichen Jahreszeiten über eine hohe Anzahl an Fahrten mit verschiedenen Fahrern und BEV durchgeführt werden. Eine solche Auswertung könnte weitergefasste Aussagen zu Potenzialen der beschrieben Maßnahmen aufzeigen.

Im Folgenden werden die erzielten Ergebnisse der Versuchsdurchführung dieses Werkes und daraus empfohlene Maßnahmen für das Thermomanagement sowie für die Fahrerbeeinflussung für BEV diskutiert.

5.1 Thermomanagement

Ein Ziel dieses Buches ist es, Maßnahmen aufzuzeigen, mit denen der Energieverbrauch des BEV zur Klimatisierung des Fahrzeuginnenraums während einer Fahrt eingespart werden kann. Hieraus kann sich eine Reichweitenerhöhung des BEV ergeben bzw. eine Verringerung der Batteriekapazität mit resultierenden Kostenvorteilen beim BEV erzielt werden. Anhand der Literatur wurde eine Übersicht zu solchen in der Technik und Wissenschaft diskutierten Maßnahmen in Abschnitt 2.2 dargestellt. Des Weiteren soll anhand durchgeführter Testfahrten zu einer in diesem Buch ausgewählten Maßnahme eine Einschätzung über die Höhe einer Energieeinsparung bzw. einer Reichweitenerhöhung beim Testfahrzeug dargestellt werden.

Eine erste Einschätzung des Anteils der Leistungsaufnahme von elektrischen Verbrauchern bei Volllast zum Klimatisieren des Fahrzeuginnenraums an der gesamten Leistungsaufnahme des BEV beim Fahren zeigt folgender Vergleich von dargestellten Auswertungsergebnissen.

Anhand der Auswertung in Abschnitt 4.1 konnte der aufgezeichnete Leistungsverlauf der elektrischen Verbraucher zum Klimatisieren des Fahrzeuginnenraums bei Volllast dargestellt werden, wobei sich das Fahrzeug im eingeschalteten haltenden Zustand befand und nicht gefahren wurde. Bei den vorhandenen Umgebungsbedingungen betrug die gemessene durchschnittliche Leistungsaufnahme der elektrischen Heizung bei Volllast etwa 2,7 kW. Das Ergebnis dieses Versuchs stellt einen möglichst extremen Fall des maximalen Energieverbrauchs bedingt durch die elektrische Innenraumklimatisierung des BEV ohne Antrieb des Fahrzeugs dar. Während einer innerörtlichen Fahrt bei Einhaltung eines Eco-Fahrstils betrug die gemessene durchschnittliche Leistungsaufnahme des Antriebs-motors 6,7 kW beim gleichmäßigen und ruhigen Beschleunigen des BEV. Während dieser Testfahrt wurden sämtliche elektrische Verbraucher im Fahrzeuginnenraum ausgeschaltet. Somit wurde die gemessene Leistungsaufnahme des Fahrzeugs zum Antrieb des BEV auf der Teststrecke ermittelt.

Ein Vergleich dieser durchschnittlichen Leistungswerte zeigt, dass die eingeschaltete elektrische Heizung bei Volllast eine Erhöhung der Leistungsaufnahme des BEV während der Testfahrtfahrt um ca. 2,7 kW bewirken kann, wodurch bei gleichbleibender mittlerer Leistungsaufnahme zum Antrieb des BEV von 6,7 kW die gesamte resultierende Leistungsaufnahme mit eingeschalteter Heizung auf 9,4 kW steigen und sich damit die Reichweite des BEV um bis zu 40 % verringern kann.

Eine direkte Gegenüberstellung des Energieverbrauchs des BEV bezogen auf 100 km Fahrstrecke mit und ohne eingeschaltete elektrische Verbraucher im Fahrzeuginnenraum ist in Abschnitt 4.5 beim Fahren auf der Teststrecke durchgeführt worden. Bei einem gleichbleibenden Eco-Fahrstil über die gesamten beiden Testfahrten wurde ohne eine eingeschaltete Heizung ein durchschnittlicher Energieverbrauch von 12 kWh/100 km beim BEV ermittelt. Die Testfahrt mit eingeschalteter Heizung bei Volllast erzielte beim BEV einen durchschnittlichen Energieverbrauch von 19,3 kWh/100 km. Diese Versuchsdurchführung zeigt einen Verbrauchsunterschied des BEV von 7,3 kWh/100 km, was bei gleichbleibenden Bedingungen beim Fahren auf der Teststrecke zu einer Reichweitenminderung des BEV um 60 % verursacht durch die eingeschaltete Heizung führen würde.

Mit einem Verbrauchswert von 12 kWh/100 km wurde durch den Eco-Fahrstil ein im Vergleich zum durch den Hersteller angegebenen durchschnittlichen Energieverbrauch von 15 kWh/100 km des BEV deutlich sparsamer Fahrstil während der Versuchsdurchführung ausgeübt [Nis2014]. Beide dargestellten Ergebnisse beschreiben daher einen besonders ungünstigen Extremfall der Reichweitenminderung des BEV um 40 und 60 % durch eine elektrische Klimatisierung des Innenraums bei Volllast während der Versuchsdurchführung. In der Literatur kann ebenfalls ein ähnliches Ergebnis mit einer Reichweitenminderung des BEV bei besonders ungünstigen Bedingungen um bis zu 50 % festgestellt werden [Cha2012, Lan2011].

Nachdem eine Einschätzung zum Anteil des Energieverbrauchs zum Klimatisieren des Fahrzeuginnenraums am Gesamtenergieverbrauch des BEV während einer Fahrt aufgezeigt werden konnte, wurde eine für den Umfang dieses Werkes realisierbare Maßnahme zum Thermomanagement in Abschnitt 3.3.1 ausgewählt. Eine für die Versuchsdurchführung praktikable Vorklimatisierung des BEV vor einer Fahrt wurde mittels der Fahrzeugheizung sowie der Fahrzeugklimaanlage in Abschnitt 4.6 beschrieben. Dabei wurden Vergleichsaufzeichnungen am haltenden Fahrzeug ohne zu fahren beim Vorklimatisieren und beim Klimatisieren ohne Vorklimatisierung jeweils für die Heizung als auch für die Klimaanlage über definierte Zeiträume bei gleichbleibenden Umgebungsbedingungen durchgeführt.

Bereits nach einer Vorklimatisierung von etwa 8 Minuten konnte die Leistungsaufnahme der elektrischen Heizung beim gewöhnlichen Heizen des Fahrzeuginnenraums, das beim Fahren einsetzten würde, vergleichsweise stark gesenkt werden. Über eine Fahrzeit von 20 Minuten konnte ein Energieverbrauchsunterschied der Varianten mit und ohne Vorklimatisierung von 0,23 kWh, was ca. 36 % der umgesetzten Energiemenge zum Heizen darstellt, ermittelt werden. Für die Messungen mit der Fahrzeugklimaanlage wurden ähnliche Ergebnisse erzielt. Hier konnte die Leistungsaufnahme der Klimaanlage beim Klimatisieren ebenfalls durch eine Vorklimatisierung des Fahrzeuginnenraums von ca. 8 Minuten gesenkt werden. Die eingesparte Energiemenge zwischen den Varianten mit und ohne Vorklimatisierung mit der Klimaanlage betrug 0,05 kWh, was ca. 19 % der umgesetzten Energie zum Kühlen darstellt und verglichen mit der Heizung geringer ausfällt.

Eine Verlagerung des Energieverbrauchs zum Klimatisieren des Fahrzeuginnenraums kann somit vor einem Fahrtbeginn mittels der Vorklimatisierung erreicht werden. Die im Versuch vorverlegte Energiemenge von 0,23 kWh kann dadurch eine Reichweitenerhöhung bzw. Batteriekapazitätsverringerung des BEV erlauben. Bei derzeit günstigen Batteriekosten von 180 €/kWh kann eine Reduzierung der Batteriekapazität von 0,23 kWh eine Minderung der Anschaffungskosten des BEV um ca. 41,40 € bewirken [Goi2013]. Mit einem gesteigerten konsequenten Einsatz der Vorklimatisierung könnte die zu reduzierende Menge der Batteriekapazität am BEV durchaus höher ausfallen.

Die Vorklimatisierung des BEV vor einer Fahrt auf ein vom Fahrer gewünschtes Temperaturniveau ist vergleichsweise technisch einfach sowie praktikabel umsetzbar und kann, wie aufgezeigt, einen hohen Anteil der Energie zum Klimatisieren des Fahrzeuginnenraums während einer Fahrt einsparen. Idealerweise sollte während des Ladezustands des BEV vor einer Fahrt über das verbundene Ladekabel von dem Ladestrom der Ladestation die benötigte Energie zum Vorklimatisieren aufgenommen werden.

Über eine App oder mittels eines informationstechnischen Systems wie beispielsweise einem Carsharing-Buchungssystem kann eine Vorklimatisierung des BEV vor einer Fahrt entweder automatisiert oder direkt durch den Fahrer selbst aktiviert werden, sodass idealerweise das BEV unmittelbar vor Fahrtbeginn über den verbundenen Netzstrom versorgt und vorklimatisiert wird. Eine solche Maßnahme würde somit den Klimakomfort zu Fahrbeginn deutlich erhöhen können, da der Fahrer insbesondere bei winterlichen Umgebungsbedingungen in ein angenehm temperiertes BEV einsteigen und losfahren würde.

Zu beachten ist, dass die Intensität sowie die Dauer einer Vorklimatisierung abhängig vom BEV und von den Umgebungsbedingungen sind, wodurch die oben dargestellten Ergebnisse nicht verallgemeinert werden können und somit situationsbedingte Erfahrungswerte ermittelt werden sollten. Gleichwohl sollte ein positiver Effekt bereits bei vergleichsweise kurzen Zeiträumen zum Vorklimatisieren wahrnehmbar sein, was die Versuchsdurchführung in Abschnitt 4.6 exemplarisch zeigt.

Ein Carsharing-Buchungssystem könnte dem Kunden aufgrund des erhöhten Klimakomforts zu Fahrtbeginn und einer durch die Vorklimatisierung verbundenen Reichweitenerhöhung des BEV einen speziellen Tarif anbieten, bei dem der Fahrer diesen Komfort durch einen geringfügig höheren Mietpreis honoriert.

Denkbar wäre auch eine kostenlose Vorklimatisierung des BEV, wenn zum Zeitpunkt des Energiebedarfs gespeicherte Energiemengen, die mittels aus regenerativen Energiequellen stammendem Strom aufgeladen wurden, dem BEV über seinen Netzanschluss zum Vorklimatisieren zur Verfügung gestellt werden können. Solche Maßnahmen könnten bei Carportsystemen und Parkflächen mit Ladestationen, die mit Photovoltaikanlagen oder Windkraftanlagen verbunden sind, umgesetzt werden.

Eine automatisierte Vorklimatisierung des BEV wäre innerhalb eines Smart Home denkbar, indem das Smart Home-System aus historischen Verhaltensmustern des Fahrers in seiner Umgebung zeitoptimal eine Vorklimatisierung des BEV vor einer Fahrt einleitet. Eine solche Methode ist besonders für ein Szenario des klassischen Fahrzeugbesitzers geeignet, da hier historische Verhaltensmuster des Fahrers analysiert werden können, zum Beispiel das Duschen, Anziehen und Frühstücken des Fahrers vor Fahrtbeginn zur Arbeit. Beim Carsharing könnte, wie bereits beschrieben, das Buchungssystem anhand der vorhandenen Buchungsdaten eine Vorklimatisierung des BEV vor einem Buchungsbeginn aktivieren.

Eine eigens entwickelte Eco-Driving-App für BEV könnte den Fahrer vor einer Fahrt bereits über Maßnahmen zur bewussten Energieoptimierung beim Thermomanagement informieren. Beispielsweise könnte diese App den Fahrer darauf hinweisen eine eventuell angezogene Jacke vor Fahrtgebegin für die Fahrt auszuziehen, da hierbei Klimatisierungsmaßnahmen im Fahrzeuginnenraum direkt wahrgenommen werden und nicht durch die Jacke isoliert werden. Anders wäre es, wenn der Fahrer die Jacke während der Fahrt anbehalten möchte, dann würde das Klimatisierungssystem die Innenraumluft geringer und körpernahe Stellen gezielt stärker klimatisieren. Diese App könnte alternativ auch ein kurzzeitiges Stoßlüften des Fahrzeuginnenraums mittels vollständig geöffneter Fenster vorschlagen, um ein durch Sonnenstrahlung sehr aufgewärmtes Fahrzeug kurzfristig abzukühlen. Eine bereits in Kapitel 2 vorgestellte Kommunikationsfähigkeit zwischen Smartphones und BEV ermöglicht hier die Generierung von praktikablen Maßnahmen zur Energieoptimierung beim BEV mittels Apps.

5.2 Fahrerbeeinflussung

Neben dem Thermomanagement ist ein weiteres Ziel dieses Buches, Maßnahmen aufzuzeigen, mit denen der Energieverbrauch des BEV mittels einer Fahrerbeeinflussung bewusst gesenkt werden und somit die Reichweite des BEV erhöht bzw. sichergestellt werden kann. Ebenfalls wurde eine Übersicht zu solchen in der Technik und Wissenschaft diskutierten Maßnahmen Anhand der Literatur dargestellt, was in Abschnitt 2.3 beschrieben ist. Für die Fahrerbeeinflussung wurde in Abschnitt 0 eine Auswahl einer für den Umfang dieses Werkes geeigneten Maßnahme zur Versuchsdurchführung aufgezeigt, wodurch anhand von erstellten Auswertungen Aussagen zu Potenzialen einer Fahrerbeeinflussung aus den Testfahrten getroffen werden sollen.

Eine zielführende Fahrerbeeinflussung kann besonders für Carsharing-Systeme interessant werden und innovative Geschäftsmodelle ermöglichen, da dem Kunden anhand von Fahrstilen fahrerindividuelle Konditionen und Leistungsangebote vom Carsharing-Buchungssystem zur Verfügung gestellt werden können.

Mit steigender Fahrgeschwindigkeit nehmen die Widerstandskräfte am Fahrzeug, insbesondere verursacht durch die Strömungswiderstandskraft, überproportional zu, wodurch eine hohe Zunahme des Energieverbrauchs zum Antrieb eines BEV bei einer überdurchschnittlich hohen Fahrgeschwindigkeit zu Lasten der Reichweite entstehen kann. Dieser Zusammenhang konnte am Versuchsfahrzeug in Abschnitt 4.2 dargestellt werden. Hierfür wurden zwei Testfahrten mit dem BEV durchgeführt, bei denen ein möglichst gleichbleibender Eco-Fahrstil angewendet und ohne eingeschaltete elektrische Verbraucher gefahren wurde. Während der ersten Fahrt wurde das BEV ruhig und gleichmäßig auf einer möglichst gleichbleibenden Strecke von 0 auf 50 km/h beschleunigt. Für die zweite Fahrt wurde das BEV bei selber Methodik auf einer Autobahn von 70 auf 140 km/h beschleunigt.

Ein bereinigter Vergleich in Hinblick auf eine gleiche Geschwindigkeit und somit dieselbe zurückgelegte Strecke in einem Zeitintervall zwischen beiden Fahrten zeigt, dass durchschnittlich bei der Fahrt auf der Autobahn der momentane Energieverbrauch zum Antrieb des BEV ca. 33 % höher ist. Anhand der jeweiligen durchschnittlichen Geschwindigkeit kann ein 4,8-fach höherer relativer Unterschied der Strömungswiderstandskraft zwischen den beiden Fahrten berechnet werden, wodurch der höhere Energieverbrauch während der aufgezeichneten Fahrt auf der Autobahn verdeutlicht wird.

Abgeleitet aus diesem Ergebnis könnte eine sinnvolle Eco-Driving-Maßnahme sein, dass dem Fahrer mittels einer App oder einer Informationsanzeige im BEV ein erhöhter Energieverbrauch sowie eine damit verbundene geringere Reichweite relativ zur Geschwindigkeit auf einer Fahrstrecke direkt signalisiert wird. Vorstellbar wäre das Vorschlagen von energieeffizienten Fahrtrouten vor dem Auffahren auf eine Autobahn oder ein Hinweis, dass das BEV möglichst eine definierte Geschwindigkeit nicht überschreiten sollte, da sonst die gewohnte Reichweite oder ein Erreichen des Fahrziels durch einen überhöhten Energieverbrauch zum Antrieb des BEV nicht mehr sichergestellt werden kann. Diese Überlegungen sind besonders zu empfehlen, wenn die Batterie des BEV vor und nach einer Fahrt nicht genügend bzw. vollständig aufgeladen werden kann oder die Batteriekapazität geschont werden soll. Eine hohe Auslastung des BEV innerhalb eines Carsharing könnte diese Anforderung mit sich bringen, da zwischen den Buchungen nicht immer ausreichend Ladezeiten vorhanden sein können.

Mit dem Fahrer des BEV wurde auf der Teststrecke eine Einfahrphase mit dem Versuchsfahrzeug durchgeführt, was in Abschnitt 0 beschrieben wurde. Hierdurch konnte sich der Fahrer an die Eigenschaften der Teststrecke gewöhnen um eine Vergleichbarkeit zwischen den durchgeführten Testfahrten zu erlauben.

Nachdem ein Fahrer die Teststrecke sowie das BEV ausreichend gefahren hat, wurde eine Versuchsdurchführung zu den beiden unterschiedlichen Fahrstilen aggressiv und Eco durchgeführt. Bei einem möglichst gleichbleibenden Fahrstil fuhr der Fahrer die Teststrecke jeweils über 5 Runden zuerst mit einem aggressiven Fahrstil und anschließend, nacheiner zeitlichen Pause, mit einem Eco-Fahrstil. Eine Auswertung der aufgezeichneten Fahrtdaten beim aggressiven und beim Eco-Fahrstil wurde in Abschnitt 4.4 erläutert.

Die Ergebnisse dieser Auswertung ermöglichen eine Einschätzung über den Unterschied des Energieverbrauchs beim Fahren derselben Teststrecke zwischen den beiden konträren Fahrstilen während der Versuchsdurchführung. Bei der Fahrt mit einem aggressiven Fahrstil wurde ein durchschnittlicher Energieverbrauch des BEV von 19,6 kWh/100 km ermittelt. Im Vergleich dazu konnte der Energieverbrauch des BEV beim Fahren mit einem Eco-Fahrstil um 8,1 kWh/100 km auf 11,5 kWh/100 km gesenkt werden, was eine Reduzierung des durchschnittlichen Energieverbrauchs des BEV während der Testfahrt von ca. 70 % darstellt. Die durchschnittliche Rundenzeit und somit auch die gesamte Fahrzeit einer Fahrt waren beim Fahren mit einem Eco-Fahrstil lediglich um etwa 31 % höher als mit einem aggressiven Fahrstil. Ein auf die Fahrgeschwindigkeit bereinigter Vergleich der Verbrauchswerte zeigt, dass bewirkt durch den energetischen Unterschied zwischen dem aggressiven Fahrstil und dem Eco-Fahrstil bei der Testfahrt eine Energieoptimierung und eine damit verbundene Reichweitenerhöhung des BEV um 29 % erzielt werden kann.

Anhand der Auswertung dieser Fahrten kann ein Unterschied der chemischen sowie elektrischen Beanspruchung der Traktionsbatterie für die beiden gefahrenen Fahrstile aufgezeigt werden. Durchschnittlich war die abgegebene Leistung der Traktionsbatterie beim aggressiven Fahrstil um 124 % höher als beim Eco-Fahrstil. Besonders die maximal gemessene Batterieleistung beim aggressiven Fahrstil war bei Leistungsspitzen um etwa Faktor 7 höher als beim Eco-Fahrstil, was durch eine erhöhte Aktivität beim Durchdrücken des Gaspedals von dem Fahrer während des aggressiven Fahrstils erklärt werden kann.

Mit dem aggressiven Fahrstil wurde durchschnittlich eine Rekuperationsleistung von 10,5 kW erzielt. Die durchschnittliche Rekuperationsleistung mit dem Eco-Fahrstil betrug 7,9 kW und war somit im Vergleich um 33% geringer. Eine vergleichsweise zum Eco-Fahrstil höhere Rekuperationsleistung beim aggressiven Fahrstil ist aufgrund des möglichst abrupten sowie starken Bremsens und der im Vergleich höheren Durchschnittsgeschwindigkeit zu erwarten. Jedoch wird beim abrupten Bremsen ein Anteil der kinetischen Energie beim Überschreiten der maximalen Rekuperationsleistung durch die mechanischen Bremsen in Wärme umgesetzt und somit verbraucht, ohne rekuperiert zu werden.

In Hinblick auf die Kapazität sowie die Lebensdauer einer Traktionsbatterie bei BEV und der damit verbundenen Kosten bewirkt ein aggressiver Fahrstil somit einen vergleichsweise hohen Leistungs- und Kostenanspruch, weshalb eine Senkung der Anschaffungskosten von BEV durch eine Reduzierung der Batteriekapazität nur schwer zu realisieren wäre. Konträr dazu wäre eine Senkung der Anschaffungskosten eines BEV durch eine Reduzierung der Batteriekapazität bei Einhaltung eines Eco-Fahrstils durchaus denkbar. Ebenfalls würde sich aus den vergleichsweise geringeren Leistungsspitzen, die bei der Fahrt mit einem Eco-Fahrstil aufgezeigt wurden, eine höhere Lebensdauer der Batterie aufgrund einer damit verbundenen geringeren chemischen und elektrischen Beanspruchung ergeben.

Bei der Auswertung in Abschnitt 0 zur Einfahrphase des Fahrers an die Teststrecke über eine vergleichsweise hohe Anzahl an Runden wurde festgestellt, dass zum Ende der Testfahrt die Motivation sowie das Interesse des Fahrers zur kontinuierlichen Steigerung der Energieeffizienz beim Fahren langsam abnahm, was anhand von einer Trendänderung der aufgezeichneten Daten während der letzten gefahren Runde festgestellt werden konnte. Wie bereits in Abschnitt 2.3 beschrieben, kann mittels geeigneter Maßnahmen die Motivation und das Interesse eines Fahrers zu einem energieeffizienten Fahrstil während einer Fahrt mittels geeigneter Maßnahmen aufrechterhalten bzw. gesteigert werden.

Als für dieses Werk geeignete Maßnahme wurde in Abschnitt 3.3.2 ein unterstütztes Eco-Driving beim Fahren auf der Teststrecke unter Verwendung von verfügbaren Energieinformationsanzeigen im Fahrzeug und ausgewählten Apps definiert. In Abschnitt 4.7 wurde eine ausführliche Beschreibung der verwendeten Energieinformationsanzeigen sowie zweier auf einem Android-Tablet ausgeführten Apps dargestellt, welche innerhalb des Sichtbereichs des Fahrers im Versuchsfahrzeug angebracht sind. Während einer Testfahrt sollte der Fahrer anhand der verwendeten Visualisierungen seinen Fahrstil und somit den Energieverbrauch des BEV von Runde zu Runde verbessern.

Die Auswertung dieser aufgezeichneten Testfahrt zeigt eine kontinuierliche Verbesserung der Fahrtdaten über die gesamten gefahrenen Runden. Mithilfe der Visualisierungen konnte die Motivation und das Interesse des Fahrers während einer vergleichsweise hohen Anzahl an Runden, insgesamt 15 Runden der Teststrecke, aufrechterhalten werden.

Ein Vergleich der Fahrtdaten jeweils gemittelt über die ersten 5 Runden und über die letzten 5 Runden der Testfahrt zeigt, dass durchschnittlich zu Anfang der Testfahrt pro Runde eine Energiemenge von 0,9 kWh und zum Ende der Testfahrt 0,58 kWh verbraucht wurde. Nach einer Bereinigung des Einflusses der Geschwindigkeit auf den Energieverbrauch des BEV beträgt der direkte energetische Unterschied des Fahrstils zwischen Anfang und Ende der Testfahrt 0,31 kWh, wobei der bereinigte durchschnittliche Energieverbrauch des Fahrstil zum Anfang 0,63 kWh und zum Ende 0,32 kWh betrug.

Die unterstütze Entwicklung des Eco-Fahrstils beim Fahrer konnte somit einen durchschnittlich geringeren Energieverbrauch des BEV von 55 % beim Fahren auf der Teststrecke erzielen. Dabei zeigt der bereinigte Vergleich des Energieverbrauchs eine direkt feststellbare Energieoptimierung des Fahrstils von 97 %. Ebenfalls wurde mit der eingesetzten App zur Beschleunigungsmessung eine Verringerung der Werte um 160 % erreicht, womit das Durchdrücken des Gaspedals durchschnittlich um 55 % reduziert wurde. Die gefahrene Rundenzeit hat sich im Mittel hierdurch um 50 % erhöht. Im Rahmen dieser Versuchsdurchführung wurde eine Testfahrt mit einem Fahrer durchgeführt. Eine hinreichende Erhöhung der Stichprobe durch zukünftige Versuchsdurchführungen mit unterschiedlichen Fahrern über mehrere Fahrten würde eine statistisch signifikante Abschätzung der beschriebenen Maßnahme zur Energieoptimierung erlauben.

Die beschriebene Versuchsdurchführung konnte eine erfolgreiche Reduzierung des Energieverbrauchs des BEV beim Fahren mittels geeigneter Visualisierungsmaßnahmen zum Eco-Driving erzielen, aufgrund dessen eine Reichweitenerhöhung bzw. eine Reduzierung der Batteriekapazität bei gleichbleibender Reichweite bei BEV denkbar wäre. Eine Reduzierung der Batteriekapazität von 0,31 kWh, die sich aus der bereinigten Energiedifferenz des Fahrstils zum Anfang und zum Ende der Testfahrt ergibt, würde bei derzeit günstigen Batteriekosten von 180 €/kWh eine Minderung der Anschaffungskosten des BEV um ca. 55,80 € erlauben [Goi2013]. Diese Minderung der Anschaffungskosten könnte durch den konsequenten Einsatz dieser Maßnahme ebenfalls weiter anwachsen.

Wie bereits in Abschnitt 2.3.3 dargestellt, werden in der Literatur Versuchsdurchführungen zur Beeinflussung des Fahrstils mittels Apps beschrieben. Hierbei konnte der Energieverbrauch eines BEV um 20 bis 30 % gesenkt werden [Cor2013]. Ebenfalls konnten Fahrer ihre persönlichen Eco-Driving-Punkte bei weiteren Fahrten durchschnittlich um 16,8 % erhöhen und dadurch ihren energieeffizienten Fahrstil verbessern [Fra2013]. Solche Trends konnten während der Versuchsdurchführung dieses Buches, wie bereits aufgezeigt, ebenfalls erreicht werden.

Ein aggressiver Fahrstil kann im Vergleich zu einem ruhigen Fahrstil die Fahrkosten eines BEV für den Fahrer um über 30 % erhöhen [Bin2012]. Für das Carsharing wäre eine Förderung eines Eco-Fahrstil mittels Eco-Driving-Maßnahmen sehr zu empfehlen, da durch einen ökologischen Gebrauch von BEV durch den Kunden einerseits die Batterie und andererseits das BEV selbst vergleichsweise technisch geringer beansprucht werden, was entsprechende Kostenvorteile mit sich ziehen könnte. In Hinblick auf die benötigte Ladezeit einer Traktionsbatterie bei BEV würde eine Verringerung des durchschnittlichen Energieverbrauchs eines BEV folglich eine vergleichsweise höhere Fahrauslastung des BEV durch Kunden ermöglichen.

Ein BEV mit mittlerem bis niedrigerem Ladezustand könnte durch ein Carsharing-Buchungssystem vergünstig an Kunden mit einem sehr guten Eco-Fahrstil, der vom System automatisiert anhand historischer Fahrten des Kunden ermittelt wurde, für eine Buchung zur Verfügung gestellt werden. Ohne eine historische Kenntnis über den Fahrstil des Kunden, würde das Buchungssystem dieses BEV nicht mehr für eine Buchung zur Verfügung stellen, da eine durchschnittliche Reichweite des BEV mit einem allgemeinen durchschnittlichen Energieverbrauch vom System sicherzustellen ist. Rechtliche Rahmenbedingungen einer Fahrstilaufnahme und einer Dokumentation der Daten sollten im Vorfeld analysiert und gegebenenfalls geklärt werden.

Aufgrund von Kostenvorteilen und einer höheren Fahrzeugauslastung könnten demnach motivierte und interessierte Kunden durch individuelle Leistungsangebote und mit Leistungsvorteilen honoriert werden. Beispielhaft könnten Kunden mit einem guten Eco-Fahrstil eine automatische Vorklimatisierung des BEV vor Fahrtbeginn gratis erhalten. Des Weiteren könnte eine Abrechnung des Nutzungspreises anhand der verbrauchten Energiemenge anstelle der Fahrzeit erfolgen, da eine Kostenbemessung bezogen auf die Fahrzeit einen eher aggressiven Fahrstil fördern würde. Individuelle Szenarien zu innovativen Geschäftsmodellen bei Carsharing-System mit BEV könnten sich aus den vorgestellten Maßnahmen identifizieren lassen, die situationsbedingt untersucht werden sollten.

6 Zusammenfassung und Ausblick

Nach einer Darstellung von in der Wissenschaft und Technik diskutierten Maßnahmen zur Verringerung des Energieverbrauchs von BEV mittels eines gezielten Thermomanagements sowie einer Beeinflussung des Fahrstils wurde eine für die Versuchsdurchführung innerhalb dieses Werkes praktikable Maßnahme jeweils zum Thermomanagement und zur Fahrerbeeinflussung ausgewählt.

Die Auswertung aufgezeichneter Fahrtdaten lieferte eine Darstellung des Energieverbrauchs des verwendeten Elektrofahrzeugs sowie des aufgezeichneten Fahrstils während der Versuchsdurchführungen. Über Vergleichsfahrten konnten somit Aussagen zur eingesparten Energiemenge beim Fahren auf einer definierten Teststrecke jeweils für eine durchgeführte Maßnahme dargestellt werden.

Es wurde gezeigt, dass die elektrische Fahrzeugheizung des BEV bei Volllast eine mittlere Leistungsaufnahme von 2,7 kW darstellt, was verglichen mit einer durchschnittlichen Leistungsaufnahme des Antriebsmotors zum Antrieb des BEV von 6,7 kW beim gleichmäßigen und ruhigen Beschleunigen des Fahrzeugs auf 50 km/h einen Anteil von 40 % der Energiemenge darstellt. Das Ergebnis dieses Versuchs stellte einen möglichst extremen Fall des maximalen Energieverbrauchs bedingt durch die elektrische Innenraumklimatisierung des BEV ohne Antrieb des Fahrzeugs dar.

Während zweier Vergleichsfahrten, bei denen das Fahrzeug bei gleichbleibendem Eco-Fahrstil einmal mit und einmal ohne eingeschaltete elektrische Klimatisierung gefahren wurde, konnte eine Energieverbrauchsdifferenz zwischen beiden Fahrten von 60 % ermittelt werden, was auf den höheren Energieverbrauch der Heizung zurückzuführen war. Aufgrund des erreichten energieeffizienten Fahrstils und einer Klimatisierung des Fahrzeuginnenrums bei Volllast stellte die Versuchsdurchführung ebenfalls einen möglichst ungünstigen Extremfall der Reichweitenminderung des BEV dar.

Eine in der Literatur diskutierte Reichweitenminderung des BEV bei besonders ungünstigen Bedingungen von bis zu 50 % zeigt somit ähnliche Ergebnisse [Cha2012, Lan2011].

Bei einer Untersuchung der Vorklimatisierung als Maßnahme zur Energieoptimierung konnte dargestellt werden, dass bereits nach einer Vorklimatisierung des BEV von etwa 8 Minuten die Leistungsaufnahme der elektrischen Heizung beim Heizen des Fahrzeuginnenraums auf ein niedrigeres Niveau absinkt. Wodurch über eine Aufnahmezeit von 20 Minuten eine Energiemenge von 0,23 kWh beim Heizen des BEV nach einer Vorklimatisierung eingespart wurde, was ca. 36 % der umgesetzten Energiemenge zum Heizen darstellte. Für die Messungen mit der Fahrzeugklimaanlage wurde der Energieverbrauch beim Klimatisieren mit der Klimaanlage zwischen den Varianten mit und ohne Vorklimatisierung um 0,05 kWh bei einer Aufnahmezeit von 20 Minuten verringert, was ca. 19 % der umgesetzten Energie zum Kühlen darstellte.

In Bezug auf die Fahrerbeeinflussung und somit den Fahrstil während einer Fahrt, wurde anhand zweier Testfahrten dargestellt, dass bezogen auf eine bereinigte gleiche Geschwindigkeit und somit dieselbe zurückgelegte Fahrstrecke mit einer aufgezeichneten Fahrt auf einer Autobahn ca. 33 % mehr elektrische Energie zum Antrieb des BEV als mit einer aufgezeichneten Fahrt innerorts verbraucht wurde. Daher wurde empfohlen, dass besonders für Fahrten mit hohen Geschwindigkeiten wie auf einer Autobahn ein überproportionaler Anstieg des Energieverbrauchs zum Antrieb des BEV bei der Auswahl bzw. Entscheidung einer Fahrtroute berücksichtigt werden sollte.

Ein weiterer Vergleich zweier Testfahrten auf der Teststrecke zeigte, dass der Energieverbrauch des BEV beim bewussten Fahren mit einem Eco-Fahrstil gegenüber einem aggressiven Fahrstil um ca. 70 % gesenkt werden könnte. Die durchschnittliche Rundenzeit und somit auch die gesamte Fahrzeit einer Testfahrt waren beim Fahren mit einem Eco-Fahrstil lediglich um etwa 31 % höher als mit einem aggressiven Fahrstil. Ein auf die Fahrgeschwindigkeit bereinigter Vergleich der Verbrauchswerte zeigte, dass bewirkt durch den energetischen Unterschied zwischen dem aggressiven Fahrstil und dem Eco-Fahrstil bei der Testfahrt eine Energieoptimierung und eine damit verbundene Reichweitenerhöhung des BEV um 29 % erzielt wurde.

Mittels vorhandener Informationsanzeigen zum Energieverbrauch sowie zweier auf einem Tablet ausgeführter Apps zur Eco-Driving-Unterstützung im Fahrzeug wurde eine Versuchsfahrt durchgeführt, bei der ein Fahrer den Energieverbrauch während einer Runde auf der Teststrecke kontinuierlich während der gefahrenen Runden verbessern konnte. Der Fahrer konnte während der gesamten Testfahrt durch die Eco-Driving-Maßnahmen erfolgreich motiviert werden den Energieverbrauch kontinuierlich zu senken, wodurch der Energieverbrauch des BEV verglichen zum Beginn und zum Ende der Testfahrt durchschnittlich um 55 % gesunken ist. Die gefahrene Rundenzeit erhöhte sich hierdurch im Mittel um 50 %. Ein bereinigter Vergleich des Energieverbrauchs zeigte eine direkt feststellbare Energieoptimierung des Fahrstils von 97 % zwischen Anfang und Ende der Testfahrt auf.

Somit konnte eine erfolgreiche Reduzierung des Energieverbrauchs des BEV beim Fahren mittels geeigneter Visualisierungsmaßnahmen zum Eco-Driving erzielt werden, wodurch eine damit verbundene Reichweitenerhöhung bzw. Reduzierung der Batteriekapazität bei gleichbleibender Reichweite denkbar wäre. Anhand von Literatur konnten ebenfalls Energieverbrauchsreduzierungen und somit Reichweitenerhöhungen bei BEV um 20 bis 30 % bei Versuchsdurchführungen zur Beeinflussung des Fahrstils mittels geeigneter Apps identifiziert werden [Cor2013, Fra2013].

Aus den erzielten Ergebnissen konnten besonders in Bezug für Carsharing-Systeme, aber auch den privaten Besitzer eines Elektrofahrzeugs, Empfehlungen für Maßnahmen zur bewussten Energieoptimierung abgeleitet werden. Einschätzungen über das Potenzial zu Kostensenkungen bei BEV durch einen verringerten Bedarf an der Batteriekapazität, aber auch beim Betrieb des Fahrzeugs, konnten anhand der aufgezeigten Energieeinsparungen durch das Vorklimatisieren des BEV und die Entwicklung eines Eco-Fahrstils beim Fahren als Maßnahmen dargestellt werden.

Die in diesem Buch vorgestellten Maßnahmen für das Thermomanagement und die Fahrerbeeinflussung sollten anhand von zukünftigen Studien für Carsharing-Systeme speziell untersucht und implementiert werden. Eine historische Aufzeichnung der Fahrprofile von Fahrern eines Carsharing könnte innovative und individuelle Leistungsangebote sowie Geschäftsmodelle anhand der Fahrstile erlauben. Eine Untersuchung des rechtlichen Rahmens der Datenaufzeichnung ist hierfür noch zu klären. Des Weiteren sind die technischen sowie systematischen und organisatorischen Anforderungen zur Umsetzung dieser Methoden für Carsharing-Systeme zu untersuchen.

Darüber hinaus könnten durch eine Erhöhung des Umfangs der untersuchten Stichproben, die beispielsweise anhand von mehreren aufgezeichneten Fahrtdaten von unterschiedlichen Fahrern und BEV über einen längeren Untersuchungszeitraum durchgeführt werden, anonymisierte Aussagen zu spezifischen sowie allgemeinen Umgebungs- und Versuchsbedingungen zu den in diesem Buch beschriebenen Maßnahmen getroffen werden.

Für die weiteren in diesem Buch, insbesondere in Abschnitt 3.3, beschrieben Maßnahmen könnten in zukünftigen wissenschaftlichen Studien weitere Versuchsdurchführungen definiert werden, um ihre Potenziale zur Energieoptimierung bei BEV sowie Möglichkeiten ihrer erfolgreichen Umsetzung aufzuzeigen. Eine Bewertung der Reduzierung der Kosten für Batterien und BEV wäre hierbei ebenfalls zu empfehlen.

Literaturverzeichnis

[Ack2013]   **Ackermann, Jan; Brinkkötter, Claus; Priesel, Marc (2013):** *Neue Ansätze zur energieeffizienten Klimatisierung von Elektrofahrzeugen*, in: ATZ - Automobiltechnische Zeitschrift, Band 115, Ausgabe 06/2013, S. 480-485.

[ADA2010]   **ADAC - Allgemeiner Deutscher Automobil-Club e.V. (2010):** *Mobilität in Deutschland - Ausgewählte Ergebnisse,* http://www.adac.de/_mmm/pdf/statistik_mobilitaet_in_deutschland_0111_46603.pdf (Stand: 15.04.2014).

[ADA2013B]   **Das elektrische Fahrtenbuch - Der ADAC Blog zur Elektromobilität und alternativen Antrieben (2013):** *Batterie-Experte Sven Bauer: "Der Tesla-Akku oder der im BMW i3 – das ist ein gewaltiger Unterschied",* http://adacemobility.wordpress.com/2013/10/21/batterie-experte-sven-bauer-der-tesla-akku-oder-der-im-bmw-i3-das-ist-ein-gewaltiger-unterschied/ (Stand: 15.04.2014).

[ADA2013M]   **Das elektrische Fahrtenbuch - Der ADAC Blog zur Elektromobilität und alternativen Antrieben (2013):** *Mercedes mit Tesla-Herz geht in Serie,* http://adacemobility.wordpress.com/2014/04/14/mercedes-mit-tesla-herz-geht-in-serie/#more-9837 (Stand: 15.04.2014).

[ADA2013S]   **Das elektrische Fahrtenbuch - Der ADAC Blog zur Elektromobilität und alternativen Antrieben (2013):** *Mehr Reichweite durch hocheffiziente Radnabenmotoren,* http://adacemobility.wordpress.com/2014/04/09/mehr-reichweite-durch-hocheffiziente-radnabenmotoren/#more-9821 (Stand: 15.04.2014).

[ADA2013T]   **Das elektrische Fahrtenbuch - Der ADAC Blog zur Elektromobilität und alternativen Antrieben (2013):** *Tesla macht Elektroautos günstiger,* http://adacemobility.wordpress.com/2014/03/07/tesla-macht-elektroautos-gunstiger/ (Stand: 15.04.2014).

[Adl2010]   **Adlkofer, Hans (2010):** *Halbleiter ermöglichen effiziente Lösungen in Elektrofahrzeugen*, in: Moderne Elektronik im Kraftfahrzeug V, Haus der Technik Fachbuch Band 114, Renningen: expert-Verlag, S. 35-46.

[Agl2014]   **Aglassofwater.org (2014):** *A Glass of Water*, http://www.aglassofwater.org/ (Stand: 15.10.2014).

[Ala2014]   **Alam, Md. Saniul; McNabola, Aonghus (2014):** *A critical review and assessment of Eco-Driving policy & technology: Benefits & limitations*, in: Transport Policy, Band 35, S. 42–49.

[Ali2012]   **Alli, G.; Baresi, L.; Bianchessi, A.; Cugola, G.; Margara, A.; Morzenti, A.; Ongini, C.; Panigati, E.; Rossi, M.; Rotondi, S.; Savaresi, S.; Schreiber, F. A.; Sivieri, A.; Tanca, L.; Depoli, E. V. (2012):** *Green Move: Towards next generation sustainable smartphone-based vehicle sharing*, in: Sustainable Internet and ICT for Sustainability (SustainIT), S. 1-5.

[Apf2012]   **Apfelbeck, Robert; Pfister, Wolfgang (2012):** *Chancen und Herausforderungen Biokraftstoff betriebener Stand- und Zuheizungen für Fahrzeuge mit alternativen Antrieben: Von der Idee bis zur konkreten Umsetzung*, in: PKW-Klimatisierung VII, Haus der Technik Fachbuch Band 124, Renningen: expert-Verlag, S. 91-102.

[Ara2012]   **Araújo, Rui; Igreja, Ângela; de Castro, Ricardo; Araújo, Rui Esteves (2012):** *Driving coach: A smartphone application to evaluate driving efficient patterns*, in: IEEE Intelligent Vehicles Symposium (IV), S. 1005-1010.

[Aut2013-3M]   **Autoflotte online (2014):** *LeasePlan: Nächste E-Generation im 3M-Fuhrpark,* http://www.autoflotte.de/leaseplan-naechste-e-generation-im-3m-fuhrpark-1339524.html (Stand: 02.04.2014).

[Aut2013-BS]   **Autoflotte online (2014):** *BS Energy: In Richtung Öko-Flotte,* http://www.autoflotte.de/bs-energy-in-richtung-oeko-flotte-1340563.html (Stand: 02.04.2014).

[Aut2011]   **auto-motor-und-sport.de (2011):** *Elektroauto-Reichweite im Winter: Bis zu 47 Prozent geringere Reichweite,* http://www.auto-motor-und-sport.de/eco/elektroauto-reichweite-bis-zu-47-prozent-geringere-reichweite-im-winter-3295701.html (Stand: 16.04.2014).

[Bar2010]   **Barkenbus, Jack N. (2010):** *Eco-driving: An overlooked climate change initiative,* in: Energy Policy, Band 38, Ausgabe 2/2010, S. 762-769.

[Bar2002]   **Barthelmess, Manuel (2002):** *Pädagogische Beeinflussung als Fremdorganisation: Ein systemtheoretisches Modell der Intervention,* Weinheim und Basel: Beltz Verlag.

[Bau2010]   **Baumgarten, Rico; Tenberge, Peter (2010):** *Reduzierung des Kraftstoffverbrauchs durch Optimierung von Pkw-Klimaanlagen,* in: Wärmemanagement des Kraftfahrzeugs VII, Haus der Technik Fachbuch Band 113, Renningen: expert-Verlag, S. 148-165.

[Bee2010]   **Beetz, Klaus; Kohle, Uwe; Eberspach, Günter (2010):** *Beheizungskonzepte für Fahrzeuge mit alternativen Antrieben,* in: ATZ - Automobiltechnische Zeitschrift, Band 112, Ausgabe 04/2010, S. 246-249.

[BEM2014]   **BEM - Bundesverband eMobilität e.V. (2014):** *Die Batterie macht rasche Fortschritte,* http://www.bem-ev.de/die-batterie-macht-rasche-fortschritte/ (Stand: 15.04.2014).

[BEM2012T]   **BEM - Bundesverband eMobilität e.V. (2012):** *eExtreme – Elektroautos im Härtetest: Next Generation Mobility lud am kältesten Tag des Jahres zur Testfahrt,* http://www.bem-ev.de/eextreme-elektroautos-im-hartetest/ (Stand: 16.04.2014).

[Ber2014]   **Bertram, Mathias; Bongard, Stefan (2014):** *Elektromobilität im motorisierten Individualverkehr: Grundlagen, Einflussfaktoren und Wirtschaftlichkeitsvergleich,* Springer Vieweg, Wiesbaden: Springer Fachmedien.

[Bia2013]   **Bianchessi, A. G.; Ongini, C.; Rotondi, S.; Tanelli, M.; Rossi, M.; Cugola, G.; Savaresi, S. M. (2013):** *A Flexible Architecture for Managing Vehicle Sharing Systems,* in: IEEE Embedded Systems Letters, Band 5, Ausgabe 3, S. 30-33.

[Bie1999]   **Bielaczek, Christian (1999):** *Die Auswirkung der aktiven Fahrerbeeinflussung auf die Fahrsicherheit,* in: ATZ - Automobiltechnische Zeitschrift, Band 101, Ausgabe 09/1999, S. 714-724.

[Bin2012]   **Bingham, C.; Walsh, C.; Carroll, S. (2012):** *Impact of driving characteristics on electric vehicle energy consumption and range,* in: IET Intelligent Transport Systems, Band 6, Ausgabe 1/2012, S. 29-35.

[Bis2010]   **Bischoff, Claus; Abele, Marcus; Johannaber, Martin; Lingenfelser, Christian (2010):** *Elektrifizierung des konventionellen Antriebsstrangs: Herausforderungen und Potentiale,* in: Moderne Elektronik im Kraftfahrzeug V, Haus der Technik Fachbuch Band 114, Renningen: expert-Verlag, S. 47-62.

[Ble2010]   **Blessing, Judy; Feltgen, Christian; Green, Martin (2010):** *Von Bediensystemen zu HMI-Signaturen,* in: ATZelektronik - Automobiltechnische Zeitschrift Elektronik, Band 5, Ausgabe 05/2010, S. 20-25.

[Blo2013]   **Blohm, Ivo; Leimeister, Jan Marco (2013):** *Gamification,* in: WIRTSCHAFTSINFORMATIK, Band 55, Ausgabe 4/2013, S. 275-278.

[Blu2013]   **Blume, Jochen; Kern, Thorsten Alexander; Richter, Pablo (2013):** *Head-up-Display Die nächste Generation mit Augmented-Reality-Technik,* in: ATZelektronik - Automobiltechnische Zeitschrift Elektronik, Band 8, Ausgabe 04/2013, S. 248-252.

[BMW2014]   **BMW.de (2014):** *INTELLIGENT VERNETZT. Connectivity im BMW i3,* http://www.bmw.de/de/neufahrzeuge/bmw-i/i3/2013/connectivity.html#teaser887fdb0c6101bdfe32d01f41089bf677 (Stand: 09.05.2014).

[Boe2013]   **Boehme, Thomas J.; Held, Florian; Schultalbers, Matthias; Lampe, Bernhard (2013):** *Trip-based energy management for electric vehicles: An optimal control approach,* in: American Control Conference (ACC), S. 5978-5983.

[Boh2013]   **Bohlender, Franz; Reiss, Holger (2013):** *Elektrische Innenraumheizung von E-Fahrzeugen Per PTC-System*, in: ATZ - Automobiltechnische Zeitschrift, Band 115, Ausgabe 02/2013, S. 120-125.

[Bra2012]   **Braess, Hans-Hermann; Seiffert, Ulrich (2012):** *Anforderungen, Zielkonflikte*, in: Vieweg Handbuch Kraftfahrzeugtechnik, 6. Auflage, ATZ/MTZ-Fachbuch, Wiesbaden: Vieweg+Teubner Verlag, S. 7-32.

[Bra2012C]   **Braun, Wolfgang (2012):** *Batterien für Elektromobilität gestern - heute - morgen*, http://www.neue-energien.org/downloads/Vortragsreihen/0910/continental_elektromobilitaet.pdf (Stand: 15.04.2014), Continental AG, Division Powertrain Vortrag.

[Bra2012OVE]   **Brauner, Günther; Geringer, Bernhard; Schrödl, Manfred (2012):** *Forschungsbedarf für das Elektrofahrzeug der Zukunft*, in: e & i Elektrotechnik und Informationstechnik, Band 129, 3. Ausgabe 2012, S. 110-117.

[Bra2010]   **Braun, Mathias; Linde, Matthias; Eder, Andreas; Neugebauer, Stephen; Steinberg, Peter (2010):** *Look Forward: Das vorausschauende Wärmemanagement zur Optimierung von Effizienz und Dynamik* , in: Wärmemanagement des Kraftfahrzeugs VII, Haus der Technik Fachbuch Band 113, Renningen: expert-Verlag, S. 327-336.

[Bul2013]   **Buller, Ulrich; Hanselka, Holger; Höhne, Klaus; Jöckel, Michael; Okulla, Katja (2013):** *Mit Energie zur Elektromobilität*, in: Elektromobilität: Aspekte der Fraunhofer-Systemforschung, Stuttgart: Fraunhofer-Verlag, S. 10-19.

[Bur2013]   **Burkert, Andreas (2013):** *Perspektiven Softwarebasierter Konnektivität*, in: ATZelektronik - Automobiltechnische Zeitschrift Elektronik, Band 8, Ausgabe 01/2013, S. 20-24.

[Bur2004]   **Bureau, Cathy; Heinle, Dieter (2004):** *MARCO – BEHR's Method to Assess Thermal Comfort*, in: PKW-Klimatisierung III, Haus der Technik Fachbuch Band 27, Renningen: expert-Verlag, S. 163-178.

[Cap2013]   **Cap, Christoph; Hainzlmaier, Christian (2013):** *Schichtheizer für Elektrofahrzeuge*, in: ATZ - Automobiltechnische Zeitschrift, Band 115, Ausgabe 06/2013, S. 486-489.

[Cas2013]   **Castignani, German; Frank, Raphaël; Engel, Thomas (2013):** *An evaluation study of driver profiling fuzzy algorithms using smartphones*, in: 21st IEEE International Conference on Network Protocols (ICNP), S. 1-6.

[Cha2012]   **Changwon, Lee; Jungho, Kwon; Youngrok, Lee; Jaehyun; Park (2012):** *Optimiertes Klimaanlagensystem für Erhöhte Reichweite von Elektrofahrzeugen*, in: ATZ - Automobiltechnische Zeitschrift, Band 114, Ausgabe 06/2012, S. 486-491.

[Cle2010]   **Clemens, Herbert; Braunschweig, Niels; Raming, Stephan (2010):** *»CoolSteam«: Ein neues APU-Konzept für Elektrofahrzeuge*, in: Wärmemanagement des Kraftfahrzeugs VII, Haus der Technik Fachbuch Band 113, Renningen: expert-Verlag, S. 266-281.

[Con2012]   **Conradi, Peter (2012):** *Reichweitenprognose für Elektromobile*, in: ATZelektronik - Automobiltechnische Zeitschrift Elektronik, Band 7, Ausgabe 03/2012, S. 186-191.

[Cor2013]   **Corti, Andrea; Ongini, Carlo; Tanelli, Mara; Savaresi, Sergio M. (2013):** *Quantitative Driving Style Estimation for Energy-Oriented Applications in Road Vehicles*, in: IEEE International Conference on Systems, Man, and Cybernetics (SMC), S. 3710-3715.

[Dem2012]   **Demestichas, K.; Adamopoulou, E.; Masikos, M.; Gimenez, R.; Onur, B. (2012):** *Advanced Driver Assistance System for Fully Electric Vehicles - Functionalities & use cases*, in: IEEE International Conference on Vehicular Electronics and Safety (ICVES), S. 306-311.

[Dey2010]   **Deyhle, Hagen; Bienert, Reyk (2010):** *Fahrzeug-Klimatisierung aus Kundensicht: Subjektive vs. objektive Bewertung*, in: Subjektive Fahreindrücke sichtbar machen IV, Haus der Technik Fachbuch Band 108, Renningen: expert-Verlag, S. 135-146.

[Dib2014]   **Dib, Wissam; Chasse, Alexandre; Moulin, Philippe; Sciarretta, Antonio; Corde, Gilles (2014):** *Optimal energy management for an electric vehicle in eco-driving applications*, in: Control Engineering Practice, Band 29, S. 299-307.

[Dis2014]   **Dismon, Heinrich; Krebber-Hortmann, Karl; Seggewiß, Peter; Rothgang, Stefan; Seifert, Frank (2014):** *Kraftstoffverbrauchssenkung mittels innovativer Komponenten des Thermomanagements*, in: Internationaler Motorenkongress 2014: Antriebstechnik im Fahrzeug, Proceedings, Wiesbaden: Springer Fachmedien, S. 503-516.

[Dol2013]   **Doll, Claus (2013):** *Untersuchung von Gesamtkonzepten und Gestaltungsoptionen*, in: Elektromobilität: Aspekte der Fraunhofer-Systemforschung, Stuttgart: Fraunhofer-Verlag, S. 120-127.

[Eck2010]   **Eckstein, Lutz; Schmitt, Fabian; Hartmann, Bastian (2010):** *Leichtbau bei Elektrofahrzeugen*, in: ATZ - Automobiltechnische Zeitschrift, Band 112, Ausgabe 11/2010, S. 788-795.

[EcoG2014]   **EcoGem.eu (2014):** *Welcome to EcoGem Project website!*, http://www.ecogem.eu/ (Stand: 01.08.2014).

[Ede2010]   **Eder, Andreas; Neugebauer, Stephen (2010):** *Nichts geht verloren: Wärmemanagement als Baustein der BMW Strategie Efficient Dynamics*, in: Wärmemanagement des Kraftfahrzeugs VII, Haus der Technik Fachbuch Band 113, Renningen: expert-Verlag, S. 360-378.

[Eil2014]   **Eilemann, Andreas; Pantow, Eberhard (2014):** *Thermomanagement – Komponenten für innovative Kühlsysteme*, in: Internationaler Motorenkongress 2014: Antriebstechnik im Fahrzeug, Proceedings, Wiesbaden: Springer Fachmedien, S. 517-533.

[Ele2014]   **Elektroauto-news.net (2014):** *Elektroautos im Vergleich*, http://www.elektroauto-news.net/wiki/elektroauto-vergleich (Stand: 15.04.2014).

[EleC2014]   **elecarda.com (2014):** *ELECARDA*, http://www.elecarda.com/?lang=de (Stand: 23.07.2014).

[Emo2014]   **Elektromobilität Süd-West (2014):** *SGI – Smart Grid Integration*, http://www.emobil-sw.de/de/aktivitaeten/aktuelle-projekte/projektdetails/sgi-smart-grid-integration.html (Stand: 25.07.2014).

[EmoE2014]   **emobility-web.de (2014):** *Energieeffizientes Fahren 2014 – Reichweitenerhöhung von Elektrofahrzeugen*, http://www.emobility-web.de/articles/emobility-studien/281/energieeffizientes-fahren-2014-%E2%80%93-reichweitenerh%C3%B6hung-von-elektrofahrzeugen (Stand: 25.07.2014).

[EmoG2014]   **Elektromobilität Süd-West (2014):** *Green Navigation*, http://www.emobil-sw.de/de/aktivitaeten/aktuelle-projekte/projektdetails/green-navigation.html (Stand: 25.07.2014).

[Eng2013]   **Engstle, Armin; Deiml, Mathias; Angermaier, Anton; Schelter, Wolfgang (2013):** *800 Volt für Elektrofahrzeuge: Eine applikationsgerechte Spannungslage*, in: ATZ - Automobiltechnische Zeitschrift, Band 115, Ausgabe 09/2013, S. 688-693.

[Eng2012]   **Engstle, Armin; Deiml, Mathias; Schlecker, Martin; Angermaier, Anton (2013):** *Entwicklung eines Heckgetriebenen 800-V-Elektrofahrzeugs*, in: ATZ - Automobiltechnische Zeitschrift, Band 114, Ausgabe 07-08/2012, S. 606-611.

[Ere2012]   **Eren, H.; Makinist, S.; Akin, E.; Yilmaz, A. (2012):** *Estimating driving behavior by a smartphone*, in: IEEE Intelligent Vehicles Symposium (IV), S. 234-239.

[Fel2013]   **Feltgen, Christian; Sigrist, Pierre (2013):** *Architektur für HMI-Bedienoberflächen*, in: ATZelektronik - Automobiltechnische Zeitschrift Elektronik, Band 8, Ausgabe 01/2013, S. 52-57.

[Fia2014]   **Fiat.com (2013):** *EcoDrive*, http://www.fiat.com/com/PublishingImages/ecodrive-site/de/default.htm (Stand: 22.07.2014).

[FKF2014]   **FKFS - Forschungsinstitut für Kraftfahrwesen und Fahrzeugmotoren Stuttgart (2014):** *Ganzheitliches Thermomanagement im E-Fahrzeug - GaTE*, http://www.fkfs.de/kraftfahrwesen/leistungen/fahrzeugtechnik/elektromobilitaet/ganzheitliches-thermomanagement-im-e-fahrzeug/ (Stand: 24.04.2014).

[Fle2014]   **Flehmig, Folko; Kästner, Frank; Knödler, Kosmas; Knoop, Michael (2014):** *Eco-ACC für Elektro- und Hybridfahrzeuge*, in: ATZ - Automobiltechnische Zeitschrift, Band 116, Ausgabe 04/2014, S. 22-27.

[Fle2011]   **Fleischmann, Thomas (2011):** *Grafiksysteme für flexible HMI-Entwicklung*, in: ATZelektronik - Automobiltechnische Zeitschrift Elektronik, Band 6, Ausgabe 03/2011, S. 36-39.

[Fle2010]   **Fleckenstein, Matthias (2010):** *Thermomanagement von Li-Ionen-Zellen aus Sicht der Energiespeicher-Entwicklung für Elektrofahrzeuge im Überblick*, in: Moderne Elektronik im Kraftfahrzeug V, Haus der Technik Fachbuch Band 114, Renningen: expert-Verlag, S. 121-143.

[Fog2010]   **Fogg, B. J.; Hreha, Jason (2010):** *Behavior Wizard: A Method for Matching Target Behaviors with Solutions*, in: Persuasive Technology, Lecture Notes in Computer Science, Band 6137, S. 117-131.

[Fol2010]   **Follmer, Robert; Gruschwitz, Dana; Jesske, Birgit (2010):** *Mobilität in Deutschland 2008 – Kurzbericht: Struktur – Aufkommen – Emissionen – Trends*, http://www.mobilitaet-in-deutschland.de/pdf/MiD2008_Kurzbericht_I.pdf (Stand: 15.04.2014).

[Fra2013]   **Frank, Raphael; Castignani, German; Schmitz, Raoul; Engel, Thomas (2013):** *A novel eco-driving application to reduce energy consumption of electric vehicles*, in: International Conference on Connected Vehicles and Expo (ICCVE), S. 283-288.

[Fuc2013]   **Fuchs, Stephan; Lienkamp, Markus (2013):** *Parametrische Gewichts- und Effizienzmodellierung für neue Fahrzeugkonzepte*, in: ATZ - Automobiltechnische Zeitschrift, Band 115, Ausgabe 03/2013, S. 232-239.

[Fuc2007]   **Fuchs, Wolfgang; Unger, Fritz (2007):** *Management der Marketing-Kommunikation*, 4. Auflage, Berlin Heidelberg: Springer-Verlag.

[Fun2010]   **Thefuntheory.com (2010):** *The Speed Camera Lottery*, http://www.thefuntheory.com/speed-camera-lottery-0 (Stand: 09.05.2014).

[Fzi2014]   **FZI Forschungszentrum Informatik am Karlsruher Institut für Technologie (2014):** *Europäisches Forschungsprojekt OpEneR präsentiert Ergebnisse*, http://www.fzi.de/wir-fuer-sie/presse/fzi-presseinformationen/detail/artikel/europaeisches-forschungsprojekt-opener-praesentiert-ergebnisse/ (Stand: 25.07.2014).

[FziE2014]   **FZI Forschungszentrum Informatik am Karlsruher Institut für Technologie (2014):** *EFA 2014 – Energieeffizientes Fahren EFA 2014 Phase II*, http://www.fzi.de/forschung/projekt-details/efa-2014-energieeffizientes-fahren-efa-2014-phase-ii/ (Stand: 25.07.2014).

[FziG2014]   **FZI Forschungszentrum Informatik am Karlsruher Institut für Technologie (2014):** *GreenNavigation – Projekt im Spitzencluster Elektromobilität Süd-West*, http://www.fzi.de/forschung/projekt-details/greennavigation/ (Stand: 25.07.2014).

[FziS2014]   **FZI Forschungszentrum Informatik am Karlsruher Institut für Technologie (2014):** *Smart Grid Integration – Projekt im Spitzencluster Elektromobilität Süd-West*, http://www.fzi.de/forschung/projekt-details/smart-grid-integration/ (Stand: 25.07.2014).

[GEO2013]   **GEO.de (2013):** *Was Elektroautos so teuer macht*, http://www.geo.de/GEO/natur/green-living/elektromobilitaet-was-elektroautos-so-teuer-macht-74842.html (Stand: 15.04.2014).

[Gla2013]   **Glanz, Axel; Büsgen, Marc (2013):** *Machine-to-Machine-Kommunikation*, Frankfurt am Main: Campus Verlag.

[Goi2013]   **GoingElectric (2013):** *Tesla: Batteriekosten fallen unter 180 €/kWh*, http://www.goingelectric.de/2013/08/10/news/tesla-model-s-batterie-kosten-180-euro-kilowattstunde/ (Stand: 15.04.2014).

[Goß2010]   **Goßlau, Dirk; Briesemann, Sven; Steinberg, Peter (2010):** *Potentialermittlung und – beurteilung von Wärmemanagementmaßnahmen*, in: Wärmemanagement des Kraftfahrzeugs VII, Haus der Technik Fachbuch Band 113, Renningen: expert-Verlag, S. 282-306.

[Gon2013]   **Gonzales-Scheller, Philipp (2013):** *Trendthema Gamification: Was steckt hinter diesem Begriff?*, in: Recrutainment: Spielerische Ansätze in Personalmarketing und -auswahl, Wiesbaden: Springer Fachmedien, S. 33-51.

[Goo2014]   **Google (2014):** *Google Maps*, https://goo.gl/maps/MF3mM (Stand: 06.08.2014).

[Gro2013]   **Großmann, Holger (2013):** *Pkw-Klimatisierung: Physikalische Grundlagen und technische Umsetzung*, 2. Auflage, Berlin Heidelberg: Springer-Verlag.

[Hak2013]   **Haken, Karl-Ludwig (2013):** *Grundlagen der Kraftfahrzeugtechnik*, München: Carl Haser Verlag, S. 152.

[Har2011]   **Haraguchi, Tetsunori (2011):** *Verbrauchsreduktion durch verbesserte Fahrzeugeffizienz*, in: ATZ - Automobiltechnische Zeitschrift, Band 113, Ausgabe 04/2011, S. 274-279.

[Han2014]   **Handelsblatt Online (2014):** *Reichweite bricht ein: Elektroautos versagen bei Kälte*, http://www.handelsblatt.com/auto/test-technik/reichweite-bricht-ein-elektroautos-versagen-bei-kaelte/9284156.html (Stand: 16.04.2014).

[Hei2012]   **Heim, Rüdiger; Hanselka, Holger; Dsoki, Chalid El (2012):** *Potenzial von Radnabenantrieben für Elektrostrassenfahrzeuge*, in: ATZ - Automobiltechnische Zeitschrift, Band 114, Ausgabe 10/2012, S. 752-758.

[Hof2013]   **Hofmann, Janko (2013):** *Energy Visualization in Electric Cars: Towards a Greater User Acceptance of Eco-Feedback Systems*, in: Visualize!, Technical Report LMU-MI-2013-2, LMU München, http://www.medien.ifi.lmu.de/pubdb/publications/pub/hausen2013visualizeHS/hausen2013visualizeHS.pdf (Stand: 05.05.2014).

[Hra2011]   **Hrach, Daniel; Cifrain, Martin (2011):** *Batterietechnik und -management im Elektrofahrzeug*, in: e & i Elektrotechnik und Informationstechnik, Band 128, 1-2. Ausgabe 2011, S. 16-21.

[Jai2013]   **Jain, Rishee K.; Gulbinas, Rimas; Taylor, John E.; Culligan, Patricia J. (2013):** *Can social influence drive energy savings? Detecting the impact of social influence on the energy consumption behavior of networked users exposed to normative eco-feedback*, in: Energy and Buildings, Band 66, S. 119-127.

[Jän2010]   **Jänsch, Daniel; Zhou, Wei; Beitelschmidt, Michael; Schimke, Robert; Kitte, Jens; Pohle, Markus (2010):** *Thermoelectrics Goes E-Mobility: Wärmemanagement der Lithium-Ionen-Batterien*, in: Wärmemanagement des Kraftfahrzeugs VII, Haus der Technik Fachbuch Band 113, Renningen: expert-Verlag, S. 1-25.

[Jen2012]   **Jenk, Bastian (2012):** *Untersuchung zum Wärmemanagement in Elektrofahrzeugen*, Diplomarbeit, Universität Bremen, BIMAQ.

[Joh2011]   **Johnson, Derick A.; Trivedi, Mohan M. (2011):** *Driving style recognition using a smartphone as a sensor platform*, in: 14th International IEEE Conference on Intelligent Transportation Systems (ITSC), S. 1609-1615.

[Jun2012]   **Jungwirth, Johann; Burkert, Andreas (2012):** *Sichere Apps fürs Auto*, in: ATZ - Automobiltechnische Zeitschrift Elektronik, Band 114, Ausgabe 02/2012, S. 126-131.

[Kam2013]   **Kampker, Achim; Vallée, Dirk; Schnettler, Armin (2013):** *Elektromobilität: Grundlagen einer Zukunftstechnologie*, Berlin Heidelberg: Springer-Verlag.

[KamB2013]   **Kamel Boulos, Maged N; Yang, Stephen P (2013):** *Exergames for health and fitness: the roles of GPS and geosocial apps*, in: International Journal of Health Geographics, Band 12, Ausgabe 1, Artikel 18.

[Kas2012]   **Kastner, Wolfgang; Kofler, Mario Jerome; Reinisch, Christian (2012):** *Wissensrepräsentation für das adaptive Eigenheim im Kontext von Smart Cities*, in: e & i Elektrotechnik und Informationstechnik, Band 129, 4. Ausgabe 2012, S. 286-292.

[Kei2013]   **Keichel, Marcus; Schwedes, Oliver (2013):** *Das Elektroauto: Mobilität im Umbruch*, ATZ/MTZ-Fachbuch, Wiesbaden: Springer Fachmedien.

[Kla2011]   **Klassen, Vitalij; Leder, Markus; Hossfeld, Jens (2011):** *Klimatisierung im Elektrofahrzeug*, in: ATZ - Automobiltechnische Zeitschrift, Band 113, Ausgabe 02/2011, S. 118-123.

[Kli2013]   **Klingner, Matthias (2013):** *Innenraumklimatisierung*, in: Elektromobilität: Aspekte der Fraunhofer-Systemforschung, Stuttgart: Fraunhofer-Verlag, S. 142-147.

[Kli2010]   **Klimmt, Christoph (2010):** *Das Medium der Spaßgesellschaft: Offene Fragen der Unterhaltungsforschung über Computerspiele*, in: Das Spiel: Muster und Metapher der Mediengesellschaft, Wiesbaden: VS Verlag für Sozialwissenschaften, S. 127-150.

[Kna2014]   **Knackfuß, Günter (2014):** *Hilft Car-Sharing bei der Energiewende?*, Springer für Professionals, http://news.springerprofessional.com/re?l=D0Ivf945aI8qlbhpsI2 (Stand: 16.07.2014).

[Knö2011]   **Knödel, Ulrich; Stein, Franz-Josef; Schlenkermann, Holger (2011):** *Variantenvielfalt der Antriebskonzepte für Elektrofahrzeuge*, in: ATZ - Automobiltechnische Zeitschrift, Band 113, Ausgabe 07-08/2011, S. 552-557.

[Kon2010]   **Konz, Martin; Lemke, Nicholas, Tegethoff, Wilhelm (2010):** *Batteriesysteme für EV – Isolierung und Konditionierung, thermische Modellierung*, in: Moderne Elektronik im Kraftfahrzeug V, Haus der Technik Fachbuch Band 114, Renningen: expert-Verlag, S. 69-79.

[Küc2010]   **Küchler, Wolfgang; Schaare, Ronald (2010):** *Technologien für eine neuartige HMI-Gestaltung*, in: ATZelektronik - Automobiltechnische Zeitschrift Elektronik, Band 5, Ausgabe 04/2010, S. 34-39.

[Lan2011]   **Lang, Max (2011):** *Erneuerbare Energie im Individualverkehr der Zukunft*, Tagung: Highlights der Bioenergieforschung, Wieselburg, 30.-31. 3. 2011, http://www.nachhaltigwirtschaften.at/iea_pdf/events/20110331_bioenergieforschung_1 _7_lang.pdf (Stand: 04.04.2014).

[Lem2012]   **Lemke, Nicholas; Strupp, Christian; Kossel, Roland (2012):** *Elektrofahrzeug-Klimatisierung unter Berücksichtigung relevanter Klima- und Lastbedingungen*, in: PKW-Klimatisierung VII, Haus der Technik Fachbuch Band 124, Renningen: expert-Verlag, S. 54-73.

[Les2013]   **Lesemann, Micha; Fassbender, Sven; Stein, Johannes (2013):** *Kundenanforderungen an Elektrofahrzeuge*, in: ATZ - Automobiltechnische Zeitschrift, Band 115, Ausgabe 11/2013, S. 868-873.

[Lie2012]   **Lienkamp, Markus (2012):** *Elektromobilität: Hype oder Revolution?*, Berlin Heidelberg: Springer-Verlag.

[Lud2012]   **Ludewig, Thilo (2012):** *Intelligente Sitzsteuerung zur Anpassung an den Strassenverlauf*, in: ATZ - Automobiltechnische Zeitschrift, Band 114, Ausgabe 10/2012, S. 790-794.

[Man2010]   **Manzoni, Vincenzo; Corti, Andrea; De Luca, Pietro; Savaresi, Sergio M. (2010):** *Driving style estimation via inertial measurements*, in: 13th International IEEE Conference on Intelligent Transportation Systems (ITSC), S. 777-782.

[Mär2013]   **März, Martin (2013):** *Leistungselektronik und elektrische Antriebstechnik*, in: Elektromobilität: Aspekte der Fraunhofer-Systemforschung, Stuttgart: Fraunhofer-Verlag, S. 34-41.

[McK2014]   **McKinsey & Company (2014):** *Electric Vehicle Index*, http://www.mckinsey.de/elektromobilitaet (Stand: 30.10.2014).

[Mef2012]   **Meffert, Heribert; Burmann, Christoph; Kirchgeorg, Manfred (2012):** *Marketing - Grundlagen marktorientierter Unternehmensführung: Konzepte – Instrumente – Praxisbeispiele*, 11. Auflage, Wiesbaden: Gabler Verlag | Springer Fachmedien.

[Meg2014]   **Mega-vehicles (2014):** *e-City für Privatgebrauch*, http://www.mega-vehicles.de/de-mega-city-e-city-fur-privatgebrauch.html (Stand: 07.11.2014).

[Möl2013]   **Möller, Kai-Christian (2013):** *Materialentwicklung (MALION)*, in: Elektromobilität: Aspekte der Fraunhofer-Systemforschung, Stuttgart: Fraunhofer-Verlag, S. 44-51.

[Mov2014]   **Move About GmbH (2014):** *Move About*, http://www.move-about.de/ (Stand: 14.07.2014).

[Mur2009]   **Murphey, Yi Lu; Milton, Robert; Kiliaris, Leonidas (2009):** *Driver's style classification using jerk analysis*, in: IEEE Workshop on Computational Intelligence in Vehicles and Vehicular Systems (CIVVS), S. 23-28.

[Nag2011]   **Nagel, Dirk; Trapp, Ralph; Frigge, Michael; Schmidt, Rüdiger (2011):** *Mikro-Universal-Solar-Sensor für eine komfortable und effiziente Fahrzeugklimatisierung*, in: Sensoren im Automobil IV, Haus der Technik Fachbuch Band 119, Renningen: expert-Verlag, S. 260-272.

[Nas2003]   **Nash, Andy; Dutré, Stéphane (2003):** *Studien an der Schnittstelle Mensch-Maschine Fahrer-Aufmerksamkeits-Simulator fördert Fahrkomfort und Sicherheit*, in: ATZ - Automobiltechnische Zeitschrift, Band 105, Ausgabe 05/2003, S. 512-517.

[Nis2014]   **nissan.de (2014):** *LEAF*, http://www.nissan.de/DE/de/vehicle/electric-vehicles/leaf.html (Stand: 29.08.2014).

[NisC2014]   **nissan.de (2014):** *Willkommen bei NISSAN CARWINGS*, http://www.nissan.de/DE/de/YouPlus/welcome_pack_leaf/how_does_it_work.html (Stand: 09.05.2014).

[Noi2014]   **Google play (2014):** *Beschleunigungsmesser von Noit ltd*, https://play.google.com/store/apps/details?id=jp.co.noito.Accelerometer (Stand: 20.10.2014).

[NPE2013]   **NPE - Nationale Plattform Elektromobilität (2013):** *Elektromobilität in Deutschland: Ergebnisse aus einer Studie zu Szenarien der Marktentwicklung*, https://www.vda.de/de/downloads/1185/?PHPSESSID=j7i1c5987ple2cpn6u1r41dgi3 (Stand: 02.04.2014).

[Ope2014]   **OpEneR Project (2014):** *Publications*, http://www.fp7-opener.eu/index.php?option=com_remository&id=18&Itemid=562 (Stand: 25.07.2014).

[Pan2012]   **Panigati, Emanuele; Rauseo, Angelo; Schreiber, Fabio A.; Tanca, Letizia (2012):** *Aspects of Pervasive Information Management: An Account of the Green Move System*, in: IEEE 15th International Conference on Computational Science and Engineering (CSE), S. 648-655.

[Per2007]   **Persson, Pontus B. (2007):** *Energie- und Wärmehaushalt, Thermoregulation*, in: Physiologie des Menschen: mit Pathophysiologie, 30. Auflage, Heidelberg: Springer Medizin Verlag.

[Pfr2014]   **Pfriem, Matthias; Gauterin, Frank (2014):** *Employing Smartphones as a Low-Cost Multi Sensor Platform in a Field Operational Test with Electric Vehicles*, in: 47th Hawaii International Conference on System Science (HICSS), S. 1143-1152.

[Pis2014]   **Pischinger, Stefan; Genender, Peter; Klopstein, Stefan; Hemkemeyer, David (2014):** *Aufgaben beim Thermomanagement von Hybrid- und Elektrofahrzeugen*, in: ATZ - Automobiltechnische Zeitschrift, Band 116, Ausgabe 04/2014, S. 54-59.

[Pro2011]   **Prokop, Günther; Lewerenz, Per (2011):** *Thermomanagement Lösungen für Neue und Alte Herausforderungen*, in: ATZ - Automobiltechnische Zeitschrift, Band 113, Ausgabe 10/2011, S. 812-817.

[Pru2014]   **Pruckner, Alfred; Davy, Elsa; Schlichte, Dirk; Kaspar, Stephan (2014):** *Elektrischer Einzelradantrieb: Optimierter Bauraum bei maximaler Fahrdynamik*, in: ATZ - Automobiltechnische Zeitschrift, Band 116, Ausgabe 03/2014, S. 46-51.

[Pul2014]   **Pulathaneli, Timur (2014):** *Ein offener Ansatz zur App-Integration im Fahrzeug*, in: ATZelektronik - Automobiltechnische Zeitschrift Elektronik, Band 9, Ausgabe 01/2014, S. 12-17.

[Rie2013]   **Ried, Michael (2013):** *Technik- und Kostengesichtspunkte in der Entwicklung elektrifizierter Fahrzeuge,* in: Herausforderungen für das Automotive Engineering & Management, Wiesbaden: Springer Gabler, S. 25-36.

[Rot2014]   **Rotter, Eckehart (2014):** *Wissmann: Deutsche Hersteller liegen bei Elektromobilität an der Spitze,* https://www.vda.de/de/meldungen/news/20140325-1.html (Stand: 25.03.2014).

[Röh2013]   **Röhrl, Thomas; Schmitt, Gregor; Tiede, Lutz-Wolfgang (2013):** *Systemkompetent für Elektromobilität,* in: ATZ - Automobiltechnische Zeitschrift, Band 115, Ausgabe 03/2013, S. 210-214.

[Rui2011]   **Rui, Wang; Lukic, Srdjan M. (2011):** *Review of driving conditions prediction and driving style recognition based control algorithms for hybrid electric vehicles,* in: IEEE Vehicle Power and Propulsion Conference (VPPC), S. 1-7.

[San2014]   **Sanghun, Kim; Donghyun, Kong; Taewoong, Lim; Joonhyung, Park (2014):** *Senkung des Energiebedarfs durch hybrides Klimasystem,* in: ATZ - Automobiltechnische Zeitschrift, Band 116, Ausgabe 01/2014, S. 20-25.

[San2010]   **Sandhu, Karamjit; Chatham, Chris; Milosevic, Alen; Adekeye, Deji; Warner, Matt (2010):** *Method of Evaluating the Effect of Air Conditioning on Vehicle Energy Management,* in: Wärmemanagement des Kraftfahrzeugs VII, Haus der Technik Fachbuch Band 113, Renningen: expert-Verlag, S. 307-326.

[Sch2014]   **Schulten, Matthias (2014):** *Gamification in der Unternehmenspraxis: Status quo und Perspektiven,* in: Dialogmarketing Perspektiven 2013/2014: Tagungsband 8. wissenschaftlicher interdisziplinärer Kongress für Dialogmarketing, Wiesbaden: Springer Fachmedien, S. 261-274.

[Sch2013]   **Schoblick, Robert (2013):** *Antriebe von Elektroautos in der Praxis: Motoren, Batterientechnik, Leistungstechnik,* Haar bei München: Franzis Verlag.

[Sch2012]   **Schweizer, Nicole; Giessl, Andreas; Schwarzhaupt, Oliver (2012):** *Entwicklung eines CFK-Leichtbaurads mit integriertem Elektromotor,* in: ATZ - Automobiltechnische Zeitschrift, Band 114, Ausgabe 05/2012, S. 424-429.

[Sch2007]   **Schneider, Thomas; Ellinger, Michael; Paulke, Stefan; Wagner, Stefan; Pastohr Henry (2007):** *Modernes Thermomanagement am Beispiel der Innenraumklimatisierung,* in: ATZ - Automobiltechnische Zeitschrift, Band 109, Ausgabe 02/2007, S. 162-169.

[Schö2013]   **Schönemann, Bodo; Henze, Roman; Küçükay, Ferit; Kudritzki, Detlef (2013):** *Auswirkungen der Rekuperation auf die Fahrdynamik,* in: ATZ - Automobiltechnische Zeitschrift, Band 115, Ausgabe 06/2013, S. 520-525.

[Sil2014]   **Google play (2014):** *Beschleunigungsmesser von Milan Sillik,* https://play.google.com/store/apps/details?id=sk.mildev84.shakemeter (Stand: 20.10.2014).

[Sma2014]   **Smart.de (2014):** *smart App Center,* http://www.smart.de/de/de/index/app-center/app-center.html (Stand: 09.05.2014).

[SmaApp2014]   **Smart.de (2014):** *smart Vehicle Homepage,* http://www.smart.de/de/de/index/smart-fortwo-electric-drive/vehicle-homepage.html (Stand: 23.07.2014).

[Son2012]   **Sondermann, Mark (2012):** *Klimatisierung von Elektrofahrzeugen: Wechsel der Anforderungen im Vergleich zu heutigen Systemen, Technische Herausforderungen, Lösungsansätze und Potentiale,* in: PKW-Klimatisierung VII, Haus der Technik Fachbuch Band 124, Renningen: expert-Verlag, S. 1-12.

[Spa2014]   **Spange, Stefan; Böttger-Hiller, Falko (2014):** *Leistungsfähigere Lithium-Schwefel-Akkumulatoren durch Zwillingspolymerisation,* in: ATZ - Automobiltechnische Zeitschrift, Band 116, Ausgabe 04/2014, S. 80-85.

[Spa2013]   **Spath, Dieter; Voigt, Simon; Satikidis, Dionysios; Sippel, Tim (2013):** *Konfiguration von Elektrofahrzeugen,* in: ATZ - Automobiltechnische Zeitschrift, Band 115, Ausgabe 02/2013, S. 132-137.

[Spr2014]   **Springer für Professionals (2014):** *Immer auf der grünen Welle: Ur:ban-Forscher präsentieren Halbzeitergebnisse,* http://www.springerprofessional.de/immer-auf-der-gruenen-welle-urban-forscher-praesentieren-halbzeitergebnisse/5118268.html (Stand: 30.07.2014).

[SprO2014]   **Springer für Professionals (2014):** *Lösungen zur Steigerung der Reichweite von Elektrofahrzeugen,* http://www.springerprofessional.de/loesungen-zur-steigerung-der-reichweite-von-elektrofahrzeugen/5232834.html (Stand: 30.07.2014).

[Sta2013]   **Statistisches Bundesamt (2013):** *Verkehr auf einen Blick,* https://www.destatis.de/DE/Publikationen/Thematisch/TransportVerkehr/Querschnitt/BroschuereVerkehrBlick0080006139004.pdf?__blob=publicationFile (Stand: 15.04.2014).

[Sti2013]   **Stillwater, Tai; Kurani, Kenneth S. (2013):** *Drivers discuss ecodriving feedback: Goal setting, framing, and anchoring motivate new behaviors,* in: Transportation Research Part F: Traffic Psychology and Behaviour, Band 19, S. 85–96.

[Str2012]   **Stripf, Matthias; Wehowski, Manuel; Schmid, Caroline; Wiebelt, Achim (2012):** *Thermomanagement von Hochleistungs-Li-Ionen-Batterien,* in: ATZ - Automobiltechnische Zeitschrift, Band 114, Ausgabe 01/2012, S. 52-57.

[Suc2014]   **Suck, Gerrit; Spengler, Carsten (2014):** *Lösungen für das Wärmemanagement von Batteriefahrzeugen,* in: ATZ - Automobiltechnische Zeitschrift, Band 116, Ausgabe 07-08/2014, S. 12-19.

[Tan2013]   **Tang, K.Z.; Tang, S.; Kusumadi, N.P.; Chuan, S.H. (2013):** *Development of a remote telemetry and diagnostic system for electric vehicles and electric vehicle supply equipment,* in: 10th IEEE International Conference on Control and Automation (ICCA), S. 609-613.

[Tor2013]   **Torrelli, Claudio (2013):** *Getriebe für Elektrofahrzeuge,* in: ATZ - Automobiltechnische Zeitschrift, Band 115, Ausgabe 02/2013, S. 106-109.

[TÜV2010]   **TÜV SÜD Automotive GmbH (2010):** *Reichweitenermittlung von Elektrofahrzeugen,* http://www.tuev-sued.de/uploads/images/1296656610031102360044/ts-am_reichweitenermittlung_4-seiter_a4_d.pdf (Stand: 16.04.2014).

[VDA2011A]   **VDA - Verband der Automobilindustrie e.V. (2011):** *Energiespeicherung im Fahrzeug,* https://www.vda.de/de/publikationen/publikationen_downloads/detail.php?id=963 (Stand: 14.04.2014).

[VDA2011B]   **VDA - Verband der Automobilindustrie e.V. (2011):** *Elektromobilität: Eine Alternative zum Öl,* VDA-Magazin: Elektromobilität, Berlin: VDA.

[Vet2013]   **Vetter, Matthias (2013):** *Innovativer Batteriespeicher (IBSEE),* in: Elektromobilität: Aspekte der Fraunhofer-Systemforschung, Stuttgart: Fraunhofer-Verlag, S. 52-59.

[Vol2014]   **Volkswagen.de (2014):** *Das Elektroauto für die Hosentasche. Die Car-Net App,* http://emobility.volkswagen.de/de/de/private/Autos/Car-Net-App.html (Stand: 09.05.2014).

[Vol2013]   **Volkswagen AG (2013):** *Forschungsprojekt „e-STROM" entwickelt hocheffiziente Klimatisierungsstrategien für Elektrofahrzeuge,* https://www.volkswagen-media-services.com/detailpage/-/detail/Forschungsprojekt-e-STROM-entwickelt-hocheffiziente-Klimatisierungsstrategien-fr-Elektrofahrzeuge/view/304470/3142070cd753d229b829b167af83f1cb?p_p_auth=8AKYeiye (Stand: 24.04.2014).

[Wal2010]   **Wallentowitz, Henning; Freialdenhoven, Arndt; Olschewski, Ingo (2010):** *Strategien zur Elektrifizierung des Antriebstranges: Technologien, Märkte und Implikationen,* STUDIUM | ATZ/MTZ-Fachbuch, Wiesbaden: Vieweg+Teubner | GWV Fachverlage.

[Wat2014]   **Watson, Richard (2014):** *Gamification,* in: 50 Schlüsselideen der Zukunft, Springer Spektrum, S. 76-79.

[Waw2014] **Wawzyniak, Markus; Hainke, Dominik; Trapp, Ralph; Frigge, Michael (2014):** *Reduzierung des Realverbrauchs durch effiziente Klimatisierung*, in: ATZ - Automobiltechnische Zeitschrift, Band 116, Ausgabe 01/2014, S. 10-15.

[Weh2013] **Wehowski, Manuel; Grünwald, Jürgen; Heneka, Christian; Neumeister, Dirk (2013):** *Thermoelektrische Wärmepumpe für Lithium-Ionen-Batterien*, in: ATZ - Automobiltechnische Zeitschrift, Band 115, Ausgabe 11/2013, S. 900-905.

[Weh2011] **Wehner, Udo; Ackermann, Jan (2011):** *Neue Ansätze zur Klimatisierung von Elektrofahrzeugen*, in: ATZ - Automobiltechnische Zeitschrift, Band 113, Ausgabe 07-08/2011, S. 586-591.

[Wel2013] **Welt.de (2013):** *Das kann die neue Super-Batterie für Elektroautos*, http://www.welt.de/motor/article122899490/Das-kann-die-neue-Super-Batterie-fuer-Elektroautos.html (Stand: 15.04.2014).

[Wir2013] **Wirth, Steffen; Eimler, Marco; Niebling, Frank (2013):** *Thermische Isolation der Fahrgastzelle von Elektrofahrzeugen*, in: ATZ - Automobiltechnische Zeitschrift, Band 115, Ausgabe 11/2013, S. 906-911.

[Wös2013A] **Wöstmann, Franz-Josef (2013):** *Radnabenmotoren mit hoher Leistungsdichte und Notlaufeigenschaften*, in: Elektromobilität: Aspekte der Fraunhofer-Systemforschung, Stuttgart: Fraunhofer-Verlag, S. 62-69.

[Wös2013B] **Wöstmann, Franz-Josef (2013):** *Demonstrator »Frecc0«*, in: Elektromobilität: Aspekte der Fraunhofer-Systemforschung, Stuttgart: Fraunhofer-Verlag, S. 98-107.

[Yaq2012] **Yaqub, Raziq; Cao, Yu (2012):** *Smartphone-based accurate range and energy efficient route selection for electric vehicle*, in: IEEE International Electric Vehicle Conference (IEVC), S. 1-5.

[You2013] **Younes, Zoulficar; Boudet, Laurence; Suard, Frédéric; Gérard, Mathias; Rioux, Roland (2013):** *Analysis of the main factors influencing the energy consumption of electric vehicles*, in: IEEE International Electric Machines & Drives Conference (IEMDC), S. 247-253.

[Yuh2012] **Yuhe, Zhang; Wenjia, Wang; Kobayashi, Yuichi; Shirai, Keisuke (2012):** *Remaining driving range estimation of electric vehicle*, in: IEEE International Electric Vehicle Conference (IEVC), S. 1-7.

[Zei2013] **Zeit online (2013):** *Preis für Batterien soll sich bis 2017 halbieren*, http://www.zeit.de/auto/2013-06/elektroauto-batterie-forschung (Stand: 15.04.2014).